Landesdenkmalamt Baden-Württemberg

Hartmut Schäfer · Günter Stachel

Unterregenbach

Archäologische Forschungen
1960–1988

Stuttgart 1989

Archäologische Informationen aus Baden-Württemberg. Heft 9
Herausgegeben vom Landesdenkmalamt Baden-Württemberg,
Archäologische Denkmalpflege

Bezug durch die „Gesellschaft für Vor- und Frühgeschichte
in Württemberg und Hohenzollern“
Silberburgstraße 193
7000 Stuttgart 1

CIP-Titelaufnahme der Deutschen Bibliothek
Schäfer, Hartmut:
Unterregenbach : archäologische Forschungen 1960–1988 /
Hartmut Schäfer ; Günter Stachel. Landesdenkmalamt Baden-
Württemberg. – Stuttgart : Ges. für Vor- u. Frühgeschichte
in Württemberg u. Hohenzollern, 1989
(Archäologische Informationen aus Baden-Württemberg ; H. 9)
ISBN 3-927714-01-1
NE: Stachel, Günter:; GT

Gesamtherstellung:
Druckerei und Großbuchbinderei Wilhelm Röck, Weinsberg
Stuttgart 1989
Printed in Germany

Vorwort

Aufgrund der in Unterregenbach anzutreffenden, anderwärts kaum in ähnlicher Vollständigkeit gegebenen Verbindung von Kirchen und Bestattungsplätzen mit Herrensitz, Siedlung und zugehörender Befestigung ‚Alte Burg' bietet sich hier die nahezu ideale Voraussetzung, alle Befunde und Funde möglichst umfassend in historischem Sinne zum Sprechen zu bringen – und damit die Ortsgeschichte weiter zu rekonstruieren und zu verstehen. Unterregenbach bildet daher schon seit langem einen Forschungsschwerpunkt der Mittelalter-Archäologie, einem Bereich, der zunehmend an Bedeutung gewinnt.

Wie schon mit dem längst vergriffenen Führer von 1980 sollen dem Besucher von Unterregenbach und einer interessierten Öffentlichkeit über das heute noch Sichtbare hinaus Informationen zugänglich gemacht werden, die sonst vielleicht dem Fachwissenschaftler vorbehalten wären. Angesichts beider ‚Führer' erweist sich einmal mehr, daß historische Erkenntnisse nur aus einem sich verändernden – und selbst korrigierenden – Prozeß resultieren, d. h. die jeweiligen Ergebnisse sind immer wieder zu überprüfen, zu relativieren und zu modifizieren.

Nach Abschluß der Grabungen in der heutigen Dorfkirche St. Veit überspannte man die Grabungsfläche mit einer Betondecke und machte damit die Befunde unter dem Fußboden der Kirche für Besucher zugänglich – zusammen mit einer dauernden Informationsausstellung, die – nach einem kurzen Intermezzo im Württembergischen Landesmuseum, Stuttgart – im ehemaligen Schulhaus in Unterregenbach eine Heimstatt fand.

Durch den regen Publikumszuspruch sieht sich die Archäologische Denkmalpflege des Landesdenkmalamtes Baden-Württemberg in ihrer Hoffnung bestätigt, der Öffentlichkeit erfolgreich Einblick in einen Teil ihres Aufgaben- und Arbeitsbereiches vermittelt zu haben. Es manifestiert sich darin aber auch ein ausgesprochenes öffentliches Interesse, die Grundmotivation für die Arbeit des Denkmalpflegers überhaupt.

All dies hätte sich ohne hilfreiche Mitarbeiter, denen die Hauptlast der Tagesarbeit vor Ort zufällt, nur schwer realisieren lassen. Besonderer Dank gebührt hier Herrn Oberlehrer G. Stachel, der seit 1964 an den archäologischen Untersuchungen beteiligt war,

und ohne dessen selbstloses, an der wissenschaftlichen Aufgabe orientiertes Mitwirken die ständige archäologische Betreuung von Unterregenbach nicht durchführbar gewesen wäre. Frau M. Stachel versorgt mit großem Engagement das kleine Museum im ehemaligen Unterregenbacher Schulhaus, und es gelingt ihr, den Besuchern von Unterregenbach die Archäologie und den genius loci in einer Weise zu vermitteln, wie es ein Museum allein nicht erreichen könnte. Ihr Wirken sei hier dankbar vermerkt, sie war es auch, die die Autoren dieses Informationsheftes ständig ermunterte, den aktuellen Forschungsstand für die interessierte Öffentlichkeit erneut zusammenzufassen. Unser Dank gilt auch Herrn T. Schwarz, Zeichner beim LDA Stuttgart, dem die graphische Gestaltung der Pläne und Rekonstruktionen oblag. Die vorliegende Broschüre, gleichzeitig Katalog zur Dauerausstellung im Schulhaus, will dazu beitragen, am Beispiel von Unterregenbach Aufgaben, Ziele und Ergebnisse der Archäologischen Denkmalpflege auf dem Gebiet des Mittelalters zu verdeutlichen und einem breiteren Interessentenkreis nahezubringen, aber auch Unterregenbach und seine Baudenkmäler in ihrer historischen Dimension zu erfassen.
Wir wünschen dem so sorglich vom Ehepaar Stachel betreuten Museum im Schulhaus einen nach wie vor reichlich fließenden Besucherstrom!

Stuttgart, im Mai 1989 Dieter Planck

Inhalt

Einleitung

Das Interesse an der Geschichte von Unterregenbach läßt sich in der Sekundärliteratur bis ins 18. Jahrhundert zurückverfolgen.[1] Grundlage für die Aufmerksamkeit war die unter dem Vorgängerbau des heutigen Pfarrhauses erhaltene Krypta. Sie deutete auf eine Kirchenanlage hin, die eine

1 J. C. Wibel, Hohenlohische Kirchen- und Reformationshistorie 1 (1752) 185 u. 214.

Abb. 1 Lageplan von Unterregenbach mit der ,Alten Burg'.

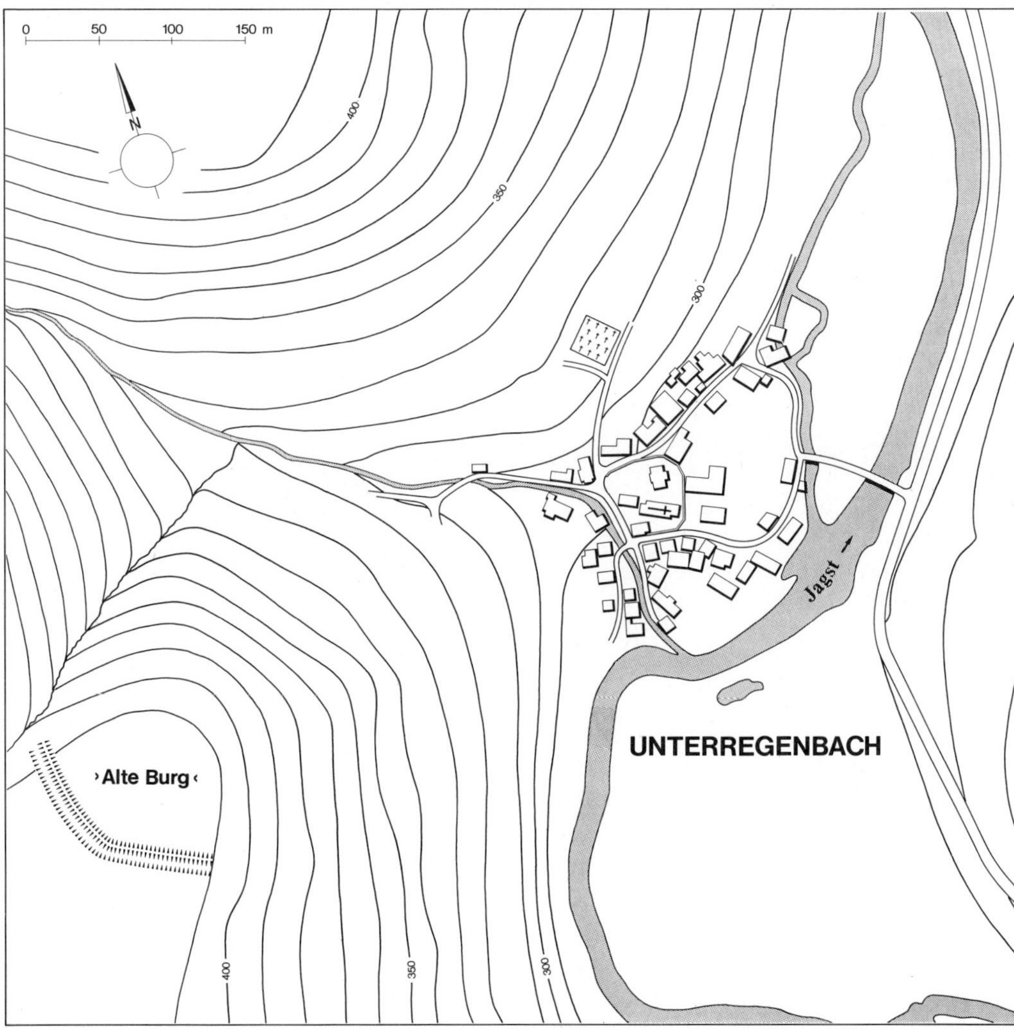

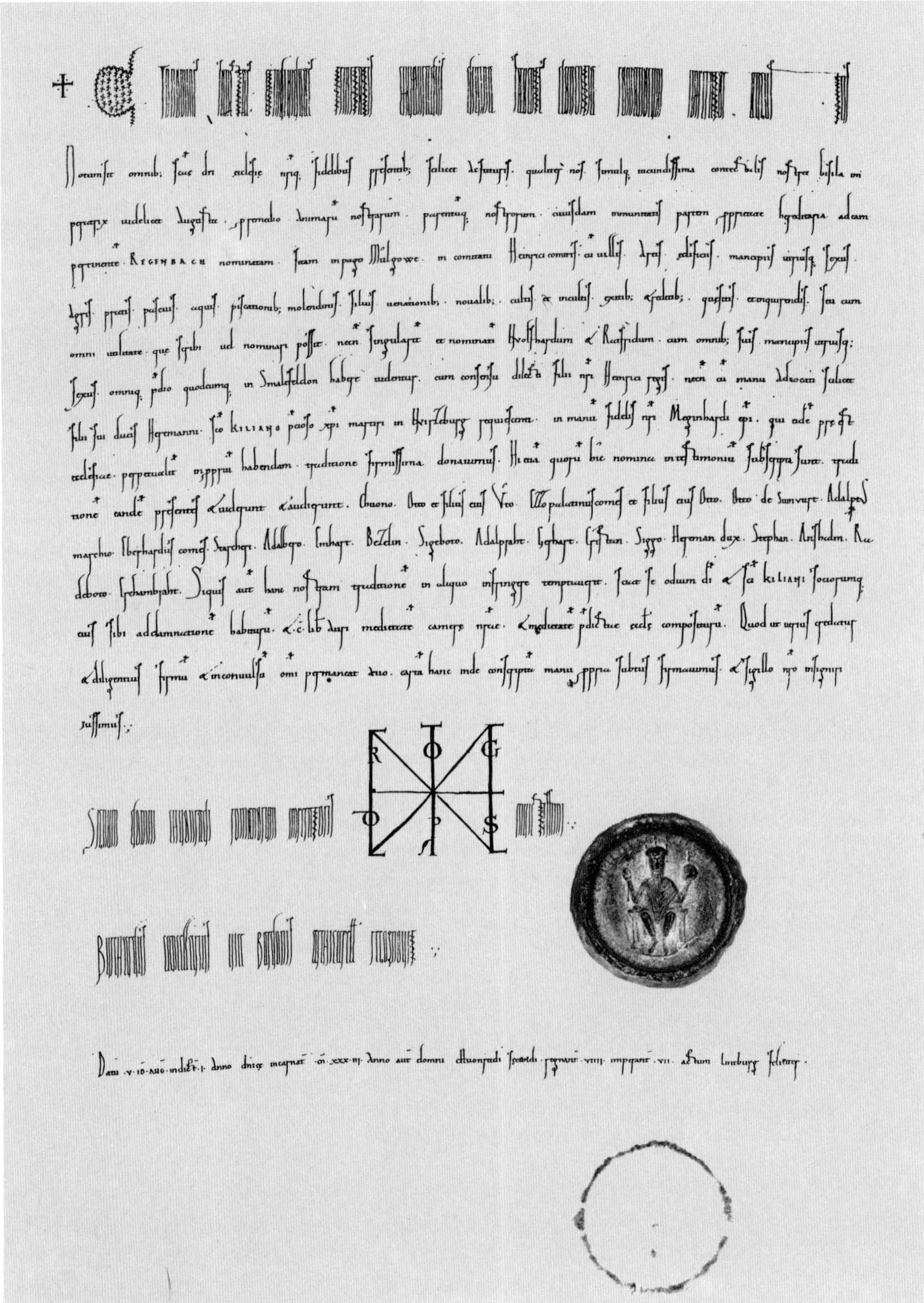

Abb. 2a Die Urkunde Kaiser Konrads II. von 1033.

In Namen der heiligen und unteilbaren Dreieinigkeit. Konrad durch die Gnade und Güte Gottes römischer Kaiser.

Kund sei allen Gläubigen der heiligen Kirche Gottes und des Reiches, sowohl den jetzt lebenden wie auch den zukünftigen, daß wir zusammen mit unserer geliebten Gattin, der Kaiserin Gisela, zu unserem und unserer Eltern Seelenheil einen Teil eines Immunitätsbezirks, den wir durch Erbrecht besitzen, wozu namentlich Regenbach gehört, das im Mulgau in der Grafschaft des Grafen Heinrich liegt, mit Gehöften, Hofraiten, Gebäuden, mit Knechten beiderlei Geschlechts, mit Äckern, Wiesen, Weiden, mit Bächen, Fischwässern, Mühlen, Wäldern, Jagden, mit angebautem und unangebautem Land, mit Ausgängen und Zugängen, ob bekannten oder noch zu suchenden und mit allen Nutzungen, die man schreiben oder benennen kann und dazu noch besonders und namentlich Wolfhard und Ratfrid mit allen ihren Knechten beiderlei Geschlechts, mit dem ganzen Gut, das sie in Schmalfelden besitzen, mit Zustimmung unseres geliebten Sohnes, des Königs Heinrich und auch durch die Hand des Vogtes (der Kaiserin Gisela), nämlich ihres Sohnes Hermann, des Herzogs, dem heiligen Kilian, dem teuren Märtyrer Christi, in die Hand des Meginhard, unseres getreuen Bischofs zu Würzburg, der der dortigen Kirche vorsteht, als einen ewigen Besitz in einer unanfechtbaren Schenkung übergeben haben.
Diese aber, deren Namen hier zum Zeugnis unterschrieben sind, waren bei der Übergabe anwesend und haben sie gesehen und gehört: Chuono, Otto und sein Sohn Vto, der Pfalzgraf Ezzo und sein Sohn Otto, Otto von Schweinfurt, der Markgraf Adalpert, Graf Eberhard, Stacheri, Adalbero, Emhart, Bezelin, Sigeboto. Adalpraht, Gerhard, Cristan, Siggo, Herzog Hereman, Stephan, Anshalm, Radeboto, Erchambraht.
Wenn aber jemand versuchen sollte, unsere Schenkung in irgendeinem Punkt zu verletzen, so soll er wissen, daß er sich den Fluch Gottes, des heiligen Kilian und seiner Gefährten zur Verdammnis zuzieht und daß er 100 Pfund Gold, zur Hälfte unserer Kammer, zur anderen Hälfte der vorgenannten Kirche, zu erlegen haben wird.
Und damit dies alles umso sicherer geglaubt wird und sicher und unerschüttert für alle Zeit bestehen bleibt, haben wir diese Urkunde mit eigener Hand unterschrieben und befohlen, sie mit unserem Siegel zu versehen.

Das Handzeichen Konrads des unbesiegbaren römischen Kaisers.

Der Kanzler Burchard hat anstelle des Erzkaplans Bardo beglaubigt.

Gegeben V. vor den Iden des August, im ersten Indiktionsjahr, im Jahre 1033 der Fleischwerdung des Herrn, im 8. Regierungsjahr Konrads II. als König, im 7. Jahr als Kaiser. Gegeben zu Limburg.

Abb. 2b Die Urkunde Kaiser Konrads II. von 1033 (Transkription).

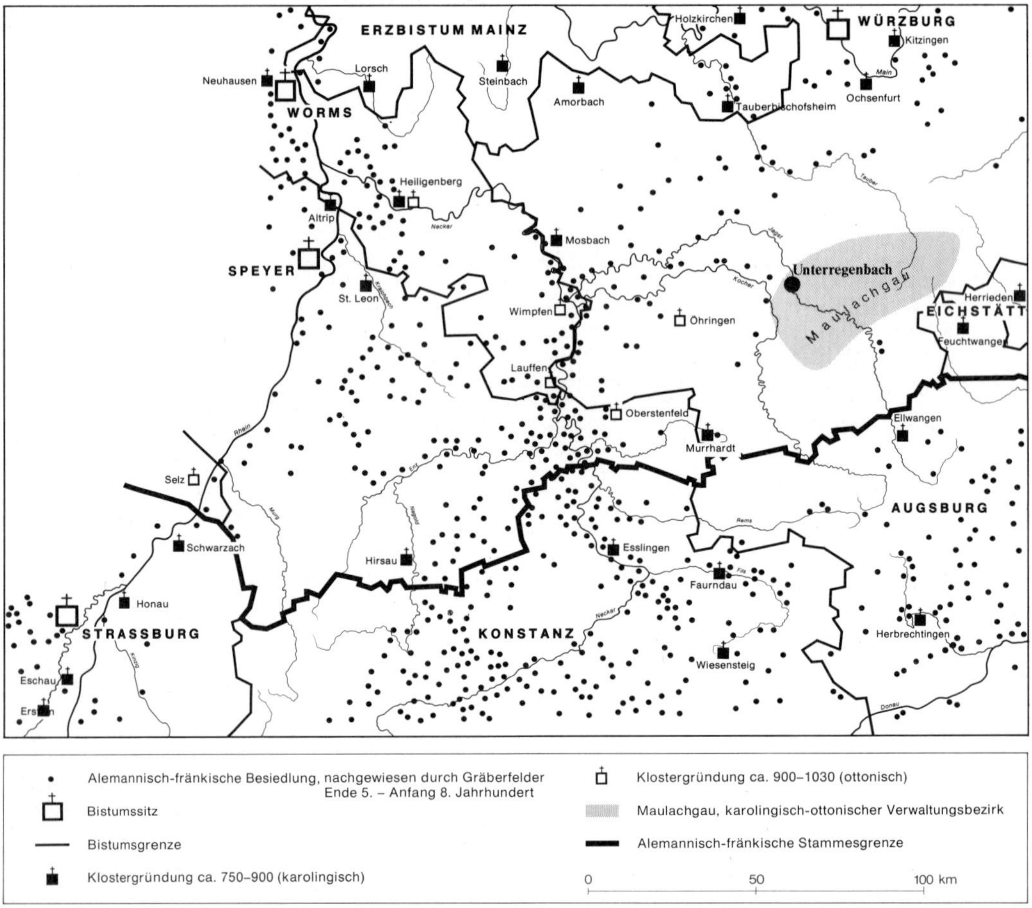

Abb. 3 Siedlungs- und kirchengeschichtliche Situation im nördlichen Württemberg in karolingisch-ottonischer Zeit.

Bedeutung besessen haben mußte, die in deutlichem Gegensatz zur heutigen ländlichen Abgeschiedenheit des Ortes steht. Damit war eine historische Frage gestellt, zu deren Beantwortung das klassische Medium geschichtlicher Überlieferung, die Schriftquelle, lediglich einen relativ bescheidenen Beitrag zu leisten in der Lage ist. Es handelt sich für die Zeit vor 1300 um nur drei Urkunden, in denen sich zwar die historische Bedeutung von Unterregenbach widerspiegelt, die jedoch nichts über die baulichen Reste aussagen, die seit dem 18. Jahrhundert das Interesse weckten.

Die Urkunde Kaiser Konrads II. aus dem Jahre 1033 bestimmt, daß Konrad II. und die Kaiserin Gisela „einen Teil eines Immunitätsbezirks", der zu ihrem Erbgut zählte und zu dem „namentlich Regenbach" gehörte, dem Meginhard, Bischof von Würzburg, als Schenkung übergaben.[2] Neben Gehöften und Hofraiten werden auch „Gebäude" genannt. Es findet sich jedoch kein Hinweis, der die unmittelbare Anbindung der Urkunde an den Ort Unterregenbach ermöglicht.

2 MGH DD K II. Nr. 199, 264f.

Abb. 4 Langenburg-Unterregenbach, Kreis Schwäbisch Hall. Das Dorf im Jahre 1960. Ansicht von Osten.

Erst B. Hilsch[3] hat deutlich gemacht, daß der Begriff „immunitas" als Rechte an einem Kloster oder Stift zu verstehen sei; eine Bedeutungsdefinition, der sich das Vorhandensein einer in dieser Kulturlandschaft ungewöhnlich großen und aufwendige Kirchenanlage zuordnen läßt.

1226 wird überliefert, daß der „nobilis vir" Walther von Langenburg das Patronatsrecht über die Kirche von Unterregenbach ausübte[4] und 1297, daß ein als „curia" bezeichneter Hof einem Burgmann auf Langenburg, Lehensträger der Herren von Hohenlohe gehöre.[5] Beide Urkunden weisen auf die enge Bindung von Unterregenbach an den Sitz der Territorialherrschaft, an das 1226 erstmals erwähnte Langenburg, hin.

Diese lapidaren historischen Informationen lassen sich nur mit den Methoden der Archäologie weiter detaillieren. Die wissenschaftliche Untersuchung der im Boden

3 P. Hilsch, Regenbach und die Schenkung der Kaiserin Gisela. Zeitschr. württ. Landesgesch. 42, 1983, 52ff.

4 WUB 4 (1883) Nachtrag Nr. 101, 400f.

5 Hohenlohisches Urkundenbuch 1. Hrsg. K. Weller (1899) Nr. 589, 417ff.

Abb. 5 Heinrich Mürdel (1870–1959), 1900–1940 Pfarrer von Unterregenbach.

erhalten gebliebenen Reste führt zu neuem, zu archäologischem Quellenmaterial, das Auskunft über Kloster oder Stift, über Curia oder Siedlung geben kann und darüber hinaus in der Lage ist, die historische Situation von Unterregenbach vor der ersten erhaltenen schriftlichen Überlieferung von 1033 zu erhellen.

Die Geschichte der archäologischen Erforschung von Unterregenbach geht in den Beginn unseres Jahrhunderts zurück. Bei der Neuanlage des Pfarrgartens unternahm der damalige Ortspfarrer Heinrich Mürdel erste Grabungen, in deren Verlauf Mauerzüge und Fußbodenreste der Großen Basilika freigelegt wurden. Auf Mürdels Beobachtungen[6] gründete sich der erste Versuch einer Grundrißrekonstruktion, und seine Arbeiten führten zur ersten intensiven Auseinandersetzung der Landesgeschichte mit dem „Rätsel von Regenbach".[7]

Die systematische und fast kontinuierliche archäologische Erforschung von Unterregenbach setzte 1949 mit kleineren Untersuchungen durch H. Christ im Bereich der Pfarrkirche St. Veit ein,[8] deren vollständige Ausgrabung 1960/62 von Christ begonnen und von G. P. Fehring und G. Stachel weitergeführt wurde. Untersuchungen im Areal des Hofes Frankenbauer, der sogenannten ‚Alten Burg' oberhalb des Ortes, der Krypta der Großen Basilika und – durch Neubaumaßnahmen bedingt – in verschiedenen Bereichen des Dorfes schlossen sich an. Damit hatte sich Unterregenbach zu einem Forschungsschwerpunkt der Mittelalterarchäologie in Baden-Württemberg entwickelt.

Die Forschungen 1960–1968 wurden einer wissenschaftlichen Auswertung unterzogen,[9] die gleichsam eine Zwischenbilanz darstellt und eindrucksvoll verdeutlicht, wie sehr sich durch archäologische Methodik ein auf schriftlicher Überlieferung gründender Kenntnisstand erweitern und mit Anschauung füllen läßt.

Die wachsende Zahl von Einzelinformationen hatte jedoch gleichermaßen das Entstehen neuer Fragestellungen zur Folge, die darauf gerichtet sind, die Ortsgeschichte weiter zu rekonstruieren und zu verstehen.

Ausgehend von einer kritischen Sichtung der Unterregenbacher Befunde und ihrer

6 Ein Grabungsbericht befindet sich im Pfarrarchiv der Gemeinde Unterregenbach.

7 E. Gradmann, Das Rätsel von Regenbach. Württ. Vierteljh. Landesgesch. N.F. 25, 1916, 5ff.

8 H. Christ, Die Pfarrkirche von Unterregenbach. Württ. Franken N.F. 24/25, 1949/50, 116ff. – Ders., Die Pfarrkirche von Unterregenbach. Württ. Franken N.F. 26/27, 1951/52, 197ff.

9 G. P. Fehring, Unterregenbach. Kirchen-Herrensitz-Siedlungsbereiche. Die Untersuchungen der Jahre 1960–1963 mit einem Vorbericht über die Grabungen der Jahre 1960–1963. Forsch. u. Ber. Arch. MA 1 (1972).

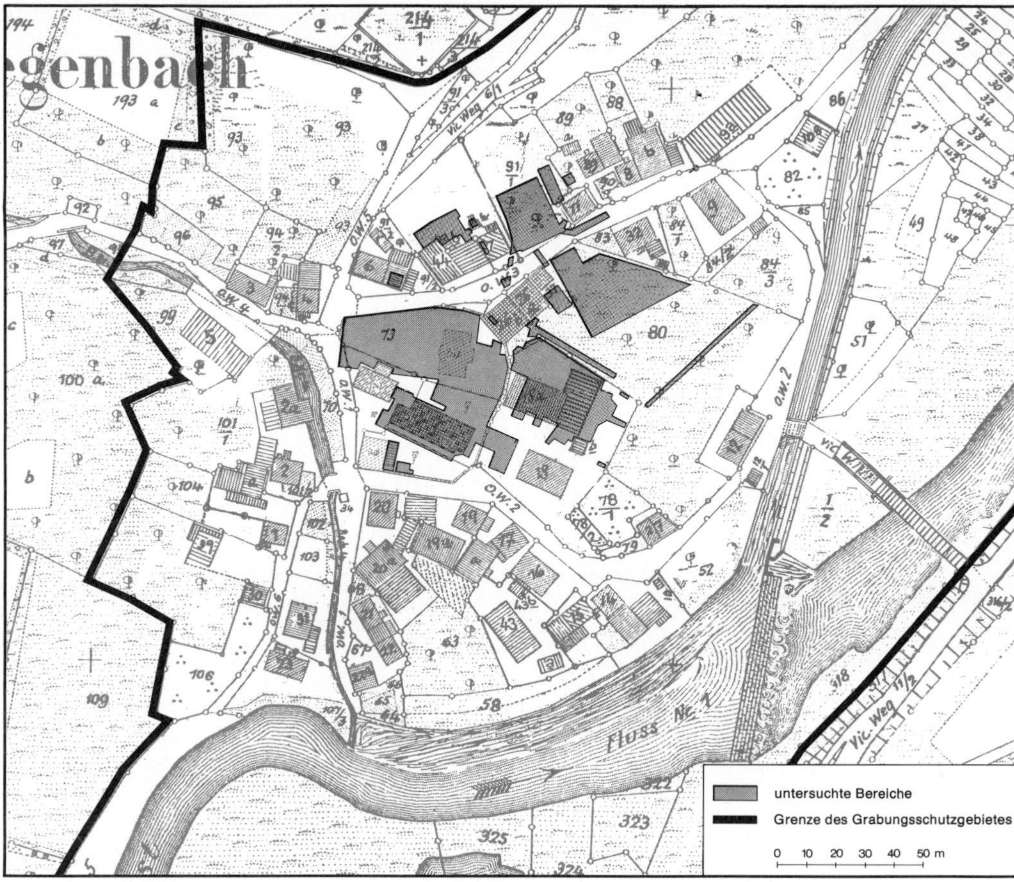

Abb. 6 Unterregenbach – archäologisch erforschte und bisher noch unerforschte Bereiche.

Interpretation anläßlich einer Ausstellung 1979[10] setzten neue Ausgrabungen ein, bei denen die Große Basilika und das Gebiet zwischen den beiden Kirchen[11] untersucht werden sollten. Diese Untersuchungen konnten 1988 abgeschlossen werden, so daß in der archäologisch-wissenschaftlichen Erforschung von Unterregenbach ein Stand erreicht ist, der es notwendig erscheinen läßt, eine Phase sorgfältiger wissenschaftlicher Auswertung anzuschließen. Die Befunde, die während der vergangenen zehn Jahre untersucht und dokumentiert werden konnten,[12] lassen auch Beobachtungen der älteren Grabungen in einem neuen Licht erscheinen und führen

10 Das Rätsel von Regenbach. Ergebnisse und neue Fragen der Archäologie des Mittelalters. Ausstellungskat. Stuttgart (1980).

11 Die Ausgrabungen wurden im Rahmen eines Schwerpunktprogramms der Denkmalpflege realisiert, an das sich weitere, durch Veränderungsmaßnahmen bedingte Ausgrabungen anschlossen.

12 Über die Untersuchungen seit dem Erscheinen von Fehring, Unterregenbach (s. Anm. 9) informieren einige Kurzberichte: G. P. Fehring u. G. Stachel, Unterregenbach. Neue Grabungsbefunde und erreichter Forschungsstand. Forsch. u. Ber. Arch. MA 4 (1977) 209 ff. – H. Schäfer u. G. Stachel, Die sogenannte Große Basilika in Langenburg-Unterregenbach. Arch. Ausgr. Bad.-Württ. 1982 (1983) 198 ff. – Dies., Die Große Basilika in Langenburg-Unterregenbach. Württ. Franken 68, 1984, 3 ff. – H. Schäfer u. a., Neue Ausgrabungen in Unterregenbach. Arch. Ausgr. Bad.-Württ. 1988 (1989) 249 ff.

zu der Notwendigkeit, die archäologischen Aussagen neu zu ordnen und ihren Sinnzusammenhang neu zu überdenken.
Das vorliegende Heft der archäologischen Informationen kann der arbeitsaufwendigen wissenschaftlichen Auswertung nicht vorgreifen, sondern lediglich versuchen, einen aktuellen, nach Grabungsbereichen geordneten Überblick über die Grabungsbefunde und ihre Deutung zu geben.[13] „Das Rätsel von Regenbach" wird damit nicht gelöst sein – des Rätsels Lösung wird es auch nicht geben können, sondern nur immer wieder den Versuch, Reste der Vergangenheit wissenschaftlich zu dokumentieren, zu deuten und damit eben diese Vergangenheit zu rekonstruieren.

13 Die Unterregenbacher Grabungsbefunde waren immer wieder Gegenstand fachlicher Diskussion im Kollegenkreis. So ist es uns ein Bedürfnis, Dank abzustatten für gemeinsames Diskutieren und kritische Auseinandersetzung mit einem Forschungsgegenstand, der an Attraktivität nichts eingebüßt hat, entsprechend der ‚Archäologenweisheit', daß die Lösung eines Problems das Entstehen zweier neuer Probleme zur Folge hat. Insbesondere danken wir U. Gross, der die Texte zu den Fundtafeln verfaßte, sowie P. Hilsch (Tübingen), S. Kummer (Würzburg) und B. Scholkmann (Tübingen), darüber hinaus T. Schwarz, der sich bemühte, wissenschaftliche Befunde und Ergebnisse durch zeichnerische Umsetzung zu verdeutlichen.

Prähistorische Besiedlung

Älteste Siedlungsspuren fanden sich in Gestalt einer Kulturschicht, die anhand der Fundstücke der Späthallstatt-/Frühlatène-Zeit, dem 6./5. Jahrhundert v. Chr. also, zugerechnet werden kann.[14] Bis zu 0,40 m dick, lag sie etwa 1,70 m tief unter dem heutigen Bodenniveau und ließ sich im Bereich der Großen Basilika, nach Osten zu ausdünnend, bis gegen die heute bestehende alte Friedhofsmauer verfolgen. Gebäudegrundrisse konnten in dem von den Grabungen erfaßten Gelände jedoch nicht festgestellt werden. Das Zentrum der Siedlung dürfte weiter südlich, auf dem höchsten Punkt des Schuttfächers, zu suchen sein.

14 W. Kimmig, Zur prähistorischen Keramik. G. P. Fehring, Unterregenbach (s. Anm. 9) 153.

Die Kirche St. Veit

Anläßlich der Innenrenovierung der heutigen Pfarrkirche wurden 1961–1962 systematische archäologische Untersuchungen durchgeführt, bei denen die Reste zweier Vorgängerbauten nachgewiesen werden konnten. Die älteste erfaßte Kirche, deren Fundamente noch größtenteils erhalten sind, besaß eine Länge von 11 m bei einer Breite von 5,60 m und bildete im Grundriß einen Saal mit eingezogenem Rechteckchor.

Im Schiff dieses Kirchenbaus wurden zwei axial angeordnete, kreuzförmige Vertiefungen (sogenannte Kreuzkanäle) ergraben. Ob und wie sie im zugehörenden Fußboden der Kirche markiert waren, ließ sich nicht mehr klären.

Die Deutung dieser Anlage ist bis heute problematisch. Während der Ausgräber eine Funktion als Reliquiengräber annahm,[15] spricht die Lage der Kreuzkanäle im Kirchenschiff statt im Chorbereich sowie das Fehlen von daraufstehenden, zugehörenden Altären gegen eine solche Auslegung. Auch die zwischenzeitlich bekanntgewordenen Beispiele ähnlicher Anlagen tragen nicht zu einer eindeutigen Klärung des Problems bei. Außer Zweifel dürfte auf dem Hintergrund des Parallelmaterials allerdings die sakrale Bestimmung der Kreuzkanäle stehen. Unter dem Fußboden liegende runde, rechteckige oder auch kreuzförmige Eintiefungen, die im Innern mitteleuropäischer Kirchen in großer Zahl festgestellt worden sind, wurden als Depot für Reliquien, aber auch für sonstige geweihte Gegenstände, zur Aufnahme des Taufwassers und anderes verwendet.[16] Bisher einmalig ist beim Unterregenbacher Beispiel das Vorhandensein zweier Kreuzkanäle, wobei jedoch vom Grabungsbefund her nicht eindeutig entschieden werden kann, ob die Kreuzkanäle gleichzeitig benutzt wurden oder der eine den anderen ersetzt hat.

Der Kirche zugeordnet werden vier Innenbestattungen, deren zwei die westliche Kreuzkanalanlage beidseits flankieren, während eine westlich davon den Kreuzarm tangiert. Im Südostbereich des Schiffes wurde ein Kind in einem Steinsarg (Steinplatten) bestattet. Ein zugehörender Außenfriedhof dehnt sich nach Westen und Norden in teils dichter, teils aufgelockerter Belegung aus.[17]

---

15 Fehring, Unterregenbach (s. Anm. 9) 44ff. – B. Scholkmann, Tübingen, die sich bei der Vorbereitung der Ausstellung und des Katalogs „Das Rätsel von Regenbach“ speziell auch mit diesem Problem auseinandergesetzt hat, verdanken wir die folgende Zusammenfassung des Forschungsstandes.

16 Kreuzkanäle wurden in folgenden Kirchen ergraben: St. Georgskirche, Prag; Stiftskirche St. Servatius, Quedlinburg; Pfarrkirche Bad Hersfeld; Klosterkirche Corvey; Pfarrkirche in Baden, Kanton Aargau, Schweiz; Pfarrkirche in Eningen, Kr. Reutlingen. – Zu eingetieften Anlagen in Kirchen vgl. G. Binding, Quellen, Brunnen und Reliquiengräber in Kirchen. Zeitschr. Arch. MA 3, 1975, 37ff.

17 Die jüngeren Eingriffe, die das stratigraphische Gesamtbild der Kirchenanlage und ihrer Umgebung bestimmen, erschweren natürlich die Periodenzuweisung der einzelnen Bestattungen, so daß hier die Aussagen sicher nur eingeschränkten Aussagewert besitzen und etwa nicht gesagt werden kann, welche Anzahl von Bestattungen der ältesten Kirche zugewiesen werden muß.

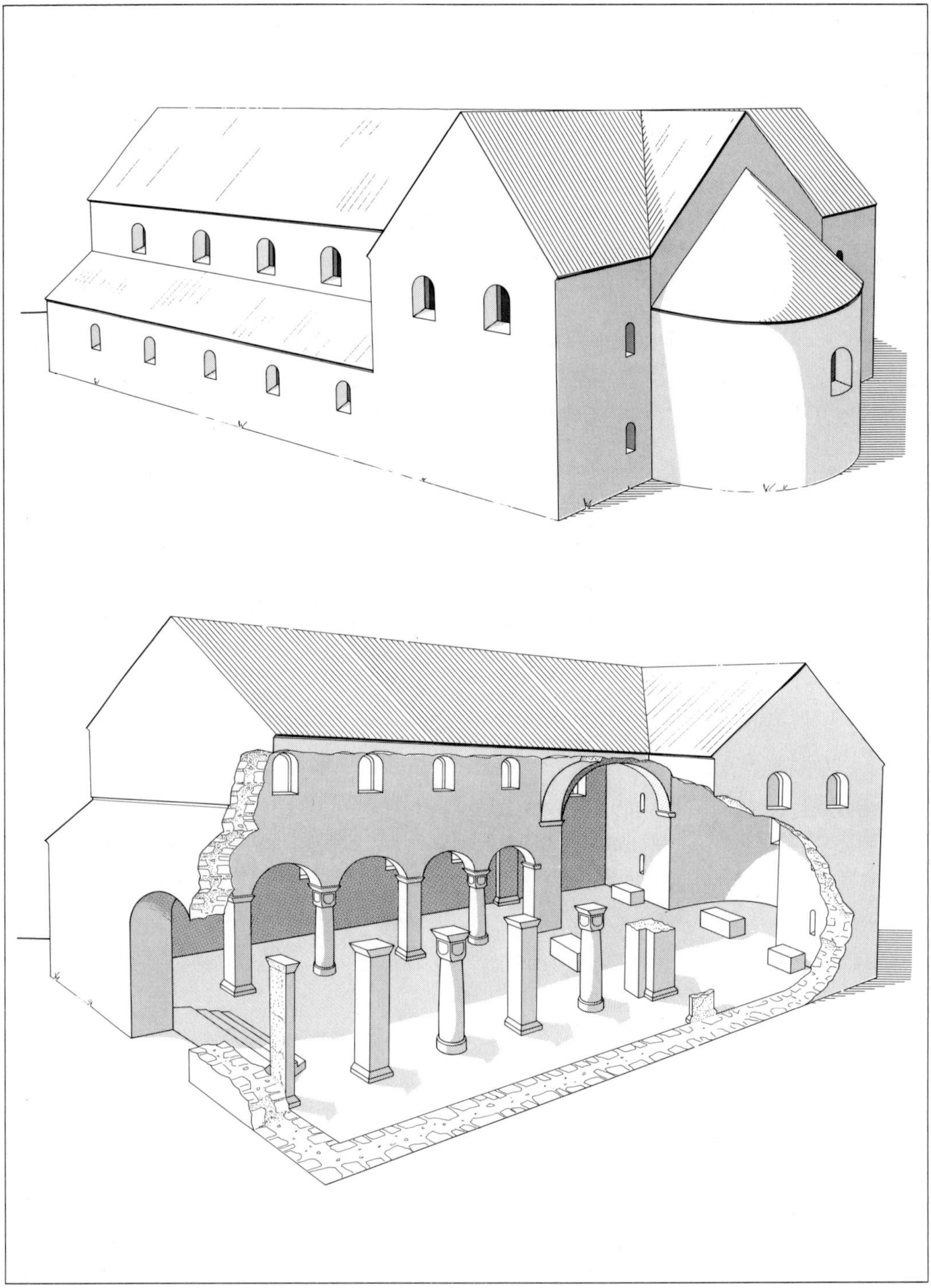

Abb. 7 Die kleine Basilika. Rekonstruktionsversuch auf der Basis archäologischer und baugeschichtlicher Befunde.

Abb. 8 St. Veit. Der westliche ‚Kreuzkanal' wird von einer Bestattung tangiert, der östliche von einem Altarfundament der kleinen Basilika überlagert. Am oberen Bildrand der Chor der Saalkirche.

Die Datierung der Saalkirche ist infolge jüngerer Eingriffe in die archäologische Schichtenabfolge schwierig. Die keramischen Funde umfassen den Zeitraum des 8. bis 11. Jahrhunderts. Zwei Münzen Ludwigs des Frommen (814–840) aus dem nordseitigen Friedhofsbereich können lediglich als terminus ante quem gewertet werden. Auch einige ^{14}C-Bestimmungen von Skeletten führten nur zu allgemeinen Daten, die zwischen 630–830 und 910–1020 liegen. Mit großer Wahrscheinlichkeit wird man – gestützt durch die Aussage der keramischen Fundstücke – die Entstehungszeit der Saalkirche in das späte 8. oder beginnende 9. Jahrhundert setzen dürfen.

Sowohl bemalte Wandputzstücke aus der ältesten Kulturschicht als auch Hohlziegel und die vermutlich sekundäre Verwendung eines putztragenden und getünchten Sandsteins, der aus einem der Kreuzkanäle stammt, gaben Anlaß zu der Vermutung, daß die kleine Saalkirche nicht der älteste Bau am Ort gewesen sein könne. Als mögliche Lage eines Primärbaus kam die Frage auf, ob dieser am Ort der Großen Basilika zu suchen sei. In Verbindung mit der wohl zu frühen Datierung der Kapitelle in der Krypta der Großen Basilika in die erste Hälfte des 9. Jahrhunderts[18] wurde sie selbst als karolingisch gedeutet.[19] Diese Vermutung hat sich nicht bestätigt. Neuere Grabungsbefunde erweisen die Krypta als baulich integrierten Teil des Hauptbaus, ihre Fundamentgrube schneidet auch die frühmittelalterliche Siedlungsschicht ab.[20] In Übereinstimmung mit dem genannten Befund datiert Kummer die der Krypta zugehörende Bauplastik auf stilkritischem Wege in das späte 10. Jahrhundert.[21]

Mit dem Auflassen der Saalkirche entstand in allseits räumlicher Erweiterung eine neue Kirche mit einer Länge von 25 m und einer Breite von 11 m. Im Grundriß ist sie eine dreischiffige Basilika mit östlichem Querhaus, das nicht über die Flucht der Seitenschiffe hinausragt. Maßgebend für die Mittelschiffbreite war die bis auf das Bauniveau abgebrochene Saalkirche, deren Süd- und Nordmauerreste, gegen Westen verlängert, nun als Fundamente für die Arkadenstützen des Neubaus dienten. Im Osten schloß diese Kirche mit einer Mittelapsis.

Aufgrund zweier noch in situ vorgefundener Pfeilerbasen lassen sich für das basilikale Kirchenschiff bis zum Ansatz des Querhauses fünf Joche erschließen. In Verbindung mit einem sekundär verbauten Würfelkapitell ist nicht nur ein Datierungsanhalt für die Mitte des 11. Jahrhunderts gegeben,[22] es kann damit auch ein einfacher Stützenwechsel wahrscheinlich gemacht werden.

Das Hauptportal lag im Westen. Ein weiterer Zugang von Norden ist heute noch im

---

18 R. Meyer, Vorromanische Bauplastik. Fehring, Unterregenbach (s. Anm. 9) 223ff. – Dies., Fragment eines korinthisierenden Kapitells mit Akanthus. Forsch. u. Ber. Arch. MA 4 (1977) 218f.

19 G. P. Fehring u. G. Stachel, Unterregenbach. Neue Grabungsbefunde und erreichter Forschungsstand. Forsch. u. Ber. Arch. MA 4 (1977) 216.

20 H. Schäfer u. G. Stachel, Die sogenannte Große Basilika in Langenburg-Unterregenbach. Württ. Franken 68, 1984, 3ff.

21 S. Kummer, Die Krypta von Unterregenbach und ihre Kapitelle. Ein Beitrag zur ottonischen Architektur in Süddeutschland. Forsch. u. Ber. Arch. MA 7 (1981) 149ff.

22 R. Strobel, Bauplastik. Fehring, Unterregenbach (s. Anm. 9) 210. – Zwar fand sich das Kapitell in Zweitverwendung, seine Zugehörigkeit zur Kleinen Basilika ist jedoch solange wahrscheinlich, wie kein anderes Gebäude ähnlicher Ausstattungsqualität nachgewiesen werden kann. Aufgrund der Baugeschichte der Großen Basilika wird man ausschließen können, daß das Kapitell von dort stammt.

nördlichen Querhausflügel sichtbar. Neben dem Hauptaltar im Chor, gesichert durch das entdeckte Fundament, konnten zwei Seitenaltäre angenommen werden, deren einer bis heute auf der Nordseite des ehemaligen Querhauses erhalten blieb. Ein vierter Altar (in Resten unter dem Fußboden der heutigen Kirche liegend) befand sich auf der Mittelachse vor dem Querhaus. Er hatte wahrscheinlich die Funktion eines ‚Laienaltars'. Die Frage nach einer Abtrennung durch eine Chorschranke konnte für die Primärphase nicht beantwortet werden. Damit stellt sich zugleich die Frage nach der Datierung des ‚Laienaltars' in diese Periode.

Im Hauptschiff, von der Mittelachse nach Norden hin abweichend, fand sich ein Stufenrondell, das vermutlich einen Taufstein

Abb. 9 Portal der Kleinen Basilika, das sich in der nördlichen Außenwand der heutigen Pfarrkirche erhalten hat.

trug. Das Fundament überlagert einen Teil des westlichen Kreuzkanals der Vorgängerkirche. Eine Bezugnahme oder gar Verbindung zwischen beiden ist nicht nachzuweisen.

Nach einem Brand gegen Ende des 12. Jahrhunderts, der wohl erhebliche Schäden verursachte, wurde der Kirchenbau nicht nur wieder instandgesetzt, sondern erfuhr darüber hinaus auch wesentliche Veränderungen: ein heute noch sichtbares Fundament deutet darauf hin, daß ein massiver Lettner errichtet wurde, der, wie erwähnt, vielleicht eine ältere, nicht mehr nachweisbare Chorschranke ersetzte und den Mittelschiffsbereich zum Chor hin völlig abschloß.

Blickt der Besucher der heutigen Kirche zum Chor, so sieht er auf der Nordseite an der Ostwand zwei tonnengewölbte Nischen. Das untere Gewölbe hielt den auf die kleine Basilika zurückgehenden ursprünglichen Seitenaltar des nördlichen Querhauses zugänglich und wurde erst mit der Reformation 1581 durch eine Mauer geschlossen. Das darüberliegende Gewölbe bezeichnet eine Kapelle, deren ursprünglicher Altar noch als Wandabdruck erhalten geblieben ist. Wohl im Zuge der Wiederherstellung der Kirche nach dem Brand wurde der nordseitige Querhausflügel durch eine Mauer abgetrennt. Damit schuf man zwei übereinanderliegende Kapellen, deren Gewölbetonnen jedoch nur etwa ein Drittel der Querhausbreite einnahmen. Das über die ganze Breite durchlaufende Fundament dürfte eine emporenartige Holzkonstruktion getragen haben, die den Zugang zur oberen Kapelle ermöglichte. Eine kräftige Konsole in der Querhaus-Nordmauer gibt einen Hinweis darauf, daß der untere Raum zunächst flach gedeckt war, möglicherweise auch das obere Gewölbe von einem Balken getragen wurde, da

Abb. 10 St. Veit. Obere Kapellennische mit dem Abdruck eines Altars in der Wand.

es nicht nachträglich in die schon vorhandene Nordmauer eingezahnt werden konnte. Erst nach einer notwendigen Unterfangung der oberen Kapelle durch einen Mauersockel scheint auch der untere Raum eingewölbt worden zu sein.

Diese neu eingezogene Kapellenmauer trug chorseitig ein Fresko, das bei der letzten Restaurierung der Kirche abgenommen und gesichert wurde, da es hinter einer Mauerverblendung zum gotischen Chor verdeckt lag. Die fragmentarisch erhaltene Kreuzigungsgruppe läßt unter dem rechten Kreuzarm nur die trauernde Maria und von der Figur des Gekreuzigten die untere Körperpartie erkennen. Auf einer niederen Ebene kniet ein Stifter mit einem Spruchband unter dem Kreuz.[23] Die Datierung des Freskos in die Zeit um 1280[24] gibt einen terminus ante für die Errichtung der Abmauerung.

Während das Gewölbe der unteren Nische keinerlei Farbspuren aufwies, werden im oberen zwei zugehörende Bemalungen sichtbar. Die ältere zeigt einen gestirnten Himmel, der nach unten von einem Vorhang begrenzt wird. E. Heye[25] datiert diese Malerei in den Zeitraum zwischen 1290 und 1340. Wohl zwischen 1360 und 1380 wurde das Gewölbe farblich neu gestaltet. Aus dieser nunmehr figürlichen Fassung blieben lediglich Teile zweier Personen erhalten, die einen Judenhut tragen.

Sowohl die Qualität des Kreuzigungsbildes als auch die zweimalige farbliche Gestaltung der oberen Gewölbetonne lassen die Frage aufkommen, ob diese Kapelle als Sitz des Patronatsherrn der Kirche gedeutet werden kann, eine Anordnung im Nordbereich des Chores, die sich später in der Langenburger Kirche wiederfinden läßt. P. Hilsch[26] weist darauf hin, daß die in Regenbach ansässigen Vasallen oder Ministerialen hier eigenkirchliche Rechte gewonnen haben dürften und demzufolge das Patronatsrecht ausübten. Jedenfalls nimmt Walter von Langenburg in einer Urkunde darauf Bezug, mit der Feststellung, daß ihm auch das Patronatsrecht an der hiesigen Kirche durch Erbrecht zugefallen sei.[27]

Zeitlich schwer zu fassen ist der Einbau einer Glockenstube im Westbereich des Mittelschiffes der Kleinen Basilika. Sie wurde auf Fuge gegen eine nach dem Brand entstandene Mauervorblendung der inneren Westwand gesetzt. Damit verbunden war zwangsläufig die Vermauerung des Westportals. Während diese Baumaßnahme auf der Grundlage der archäologischen Befunde nur allgemein in die Zeit zwi-

23 Der erhaltene Bildausschnitt befindet sich heute gerahmt nördlich neben dem Chorzugang.

24 E. Heye, Die figürlichen Wandmalereien von St. Veit. Fehring, Unterregenbach (s. Anm. 9) 236 Anm. 1, unter Berufung auf H. Wentzel.

25 E. Heye, Die figürlichen Wandmalereien von St. Veit. Fehring, Unterregenbach (s. Anm. 9) 237.

26 Hilsch, Schenkung (s. Anm. 3) 78f.

27 WUB 4 (1883) Nachtrag Nr. 101, 400ff.

Abb. 11 Fragment einer Kreuzigungsgruppe mit Stifterfigur (um 1280) aus der Umbauphase der Kleinen Basilika.

schen dem 13. und 15. Jahrhundert datiert werden kann, deuten die Befunde im Bereich der Großen Basilika darauf hin, daß die Glockenstube möglicherweise schon in der ersten Hälfte des 13. Jahrhunderts entstanden sein mag. In dieser Zeit nämlich wurde der Restbau der Großen Basilika, an deren Westflanke ein Glockenturm stand, abgebrochen. Man möchte vermuten, daß die Glocke oder die Glocken der Großen Basilika bald darauf einen neuen Platz in der Glockenstube der Kleinen Basilika gefunden haben können.

Nachdem schon während der ersten Hälfte des 14. Jahrhunderts die Apsis der Kleinen Basilika abgebrochen und durch einen Rechteckchor ersetzt worden war, erfolgte im 15. Jahrhundert die völlige Umgestaltung zur heutigen Kirche.

Unter Beibehaltung der Glockenstube, des neuen Chores und des nordseitigen Querhausflügels mit den tonnengewölbten Räumen wurde anstelle der romanischen dreischiffigen Basilika eine gotische Saalkirche erbaut. Die Planung sah eine Verlängerung nach Westen mit bereits ausgeführter Fundamentierung der Südwestecke bei gleicher Breite vor. Man reduzierte jedoch den Bau schließlich um knapp zwei Meter seiner Breite und beließ die ältere Westwand. Dadurch erhielt das Schiff seine heute noch erkennbare Abweichung von der Mittelachse.

Schließlich wurde die Glockenstube aufgestockt und über das Dach des Kirchenschif-

Abb. 12 St. Veit. Reste eines Fußbodens aus spätmittelalterlichen Ornamentfliesen.

fes hinausgezogen. Bereits 1581 schuf man „ein neu Zimmer uff dem Glockenturm“, das heißt, der Fachwerkaufsatz bedurfte einer Erneuerung.[28]

Während der Baumaßnahmen innerhalb des Schiffes goß man eine neue Glocke, wie die unter dem heutigen Fußboden erhaltenen Reste einer Glockengußanlage belegen. Auf den sogenannten Glockenstand paßt am ehesten die in ihrem Ring 0,60 m messende kleine und älteste Glocke des Ortes aus dem Jahr 1446, gegossen von Conrad Gonczhamer aus Nürnberg. Zeitlich besser in die Endbauphase der Kirche würde allerdings die etwas größere Glocke von 1487 passen. Mit ihrer Umschrift in gotischen Minuskeln „+ osana + heis + ich + jost + glockengieser + gos + mich + zu + der + er + maria + und + sant + veit + leut + ma˜ + mich + an˜o ◊ M ◊ CCCC ◊ LXXXVII“[29] gilt sie für Unterregenbach als einziger inschriftlicher Hinweis auf die Verehrung von Veit neben Maria.

Die Neugestaltung des Kircheninneren – unter Beibehaltung der Grundsubstanz – wird man der Reformation von 1581 zuweisen können. Man brach den mittleren Altar (vorher ‚Laienaltar‘) ab und setzte an seiner Stelle den Taufstein. Die gewölbte Nische zum nördlichen Seitenaltar wurde vermauert, so daß der Hauptaltar des Chores allein in den Blickpunkt rückte. Während durch den Glockenturm von Westen ein neues Portal gebrochen wurde, vermauerte man das Nordportal. Hier dürfte das Niveau des Friedhofs im Laufe der Jahrhunderte bis über die Türschwelle angewachsen sein, so daß Oberflächenwasser von außen in das Schiff hineindrückte. Eine Verbesserung der Belichtung auf der Empore mit Hilfe neuer Fensterdurchbrüche auf der Nordseite entsprach den Anforderungen einer Predigtkirche.

Zu einem der letzten, aber wesentlichen Eingriffe in das Kircheninnere dürfte der Einbau der Orgel im Jahre 1802/03 zählen. In der Planung von 1787 war der Abbau des Dachstuhls beabsichtigt und eine Erhöhung der Mauern um 9 Schuh vorgesehen, um der Orgel auf der Empore die notwendige Paßhöhe zu geben. Eine Ausführung des Planes vereitelte Fürst Karl von Hohenlohe-Langenburg mit der Randbemerkung, daß man eine Orgel der Kirche wegen, nicht aber eine Kirche der Orgel wegen baue.[30] So plazierte man die Orgel im Chor, nachdem das Chorbogengewände und das Kreuzgratgewölbe ausgebrochen worden waren.

---

28 G. Stachel, Urkunden und Schriftquellen. Fehring, Unterregenbach (s. Anm. 9) 217ff.

29 Dm. 89,5 cm. H. 72 cm. Deutscher Glockenatlas. Württemberg und Hohenzollern. Bearb. v. S. Thurm (1959) Nr. 444, 297.

30 G. Stachel, Urkunden und Schriftquellen. Fehring, Unterregenbach (s. Anm. 9) 287.

Die Große Basilika

Bereits 1752 zogen die bis heute unter dem Pfarrhaus erhaltenen Teile der Krypta Aufmerksamkeit auf sich. In seiner „Hohenlohischen Kirchen- und Reformationshistorie“ deutet J. C. Wibel die Gewölbe als Reste einer klösterlichen Anlage.[31] 1859 wurden die alten Baureste als zu einer Krypta gehörend erkannt.[32] Nachdem schließlich 1880 das heutige Pfarrhaus anstelle des älteren errichtet wurde, konnten erste archäologische Aufschlüsse gewonnen werden. Bei den Fundamentierungsarbeiten wurde die – nicht mehr erhaltene – Apsis der Krypta freigelegt; im Bauschutt fan-

31 Wibel, Hohenlohische Kirchenhistorie (s. Anm. 1) 185 u. 214.

32 F. Kugler, Geschichte der Baukunst 2 (1859) 493.

Abb. 13 E. Gradmann (3. v. li.) bei der Besichtigung der Befunde von 1908. Die Gruppenaufnahme entstand auf dem freigelegten Fußboden der Basilika und angesichts der Nord-Süd verlaufenden Mauer, die als westlicher Abschluß des Restbaus um 1200 ohne Fundamentierung auf den Fußboden der Kirche aufgesetzt wurde.

Abb. 14 Apsis der Krypta der Großen Basilika während der Freilegung durch H. Mürdel.

den sich Säulen, Pfeiler und Kapitelle, die die Gemeinde Unterregenbach an das Württembergische Landesmuseum nach Stuttgart verkaufte.[33]

Basierend auf dieser Kenntnis, setzten zielgerichtete archäologische Erhebungen im Jahr 1908 ein. Diese Arbeiten wurden vom damaligen Ortspfarrer Heinrich Mürdel vorgenommen, der damit nicht nur seinen persönlichen historischen Interessen folgte, sondern sich seiner Verantwortung gegenüber den historischen Resten in einem für seine Zeit ungewöhnlichen Maße bewußt war.

Dies zeigt sich deutlich in einem umfangreichen, auf Genauigkeit bedachten schriftlichen Bericht über die Grabungsarbeiten und die archäologischen Befunde.[34] Darüber hinaus hat Mürdel entscheidende Stadien seiner Grabungen in eigenen Photographien festgehalten und damit ein bis heute unersetzbares Medium der Dokumentation eingesetzt, dessen Gebrauch 1908 in stadtferner, ländlicher Region durchaus nicht selbstverständlich gewesen

33 E. Paulus, Archäologische Entdeckungen und Untersuchungen im Jahre 1880. Württ. Vierteljh. Landesgesch. 4, 1881, 50ff.

34 Pfarrarchiv Unterregenbach. – Heinrich Mürdel hat die von ihm erhobenen Befunde auf dem Hintergrund der älteren Informationen Jahrzehnte später ausführlich dargestellt: ders., Das Rätsel von Regenbach. Zeitschr. Württ. Landesgesch. 8, 1944/48, 81ff. Die Befunde wurden schon unmittelbar nach den Grabungen bekannt gemacht von E. Gradmann, Korrespondenzbl. des Gesamtvereins deutscher Geschichtsvereine 1909, 65ff.; ders., Denkmalpflege 1908, 28f.

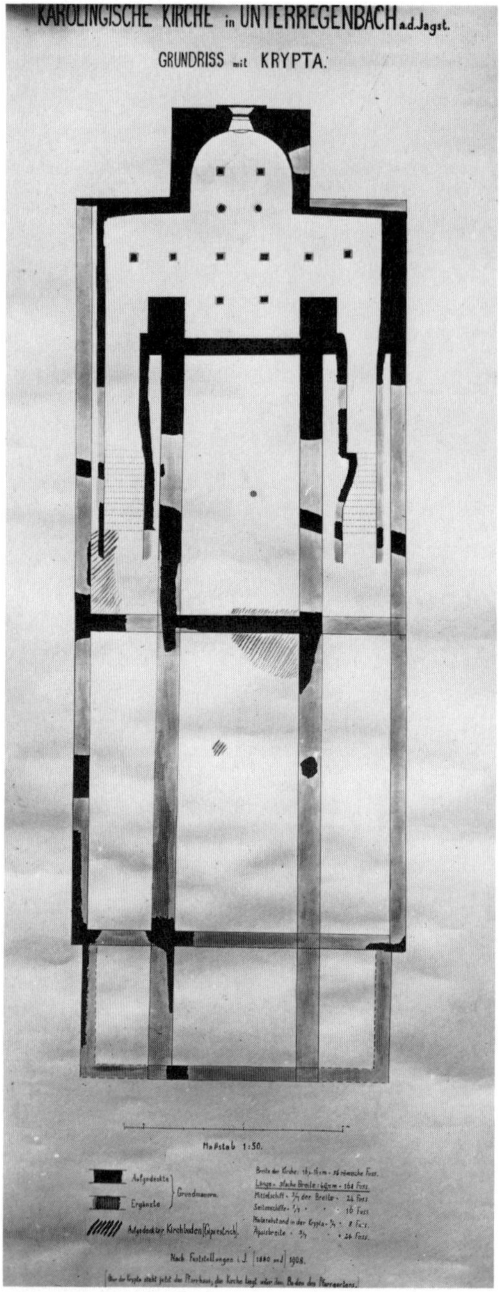

Abb. 15 Gesamtplan der archäologischen Beobachtungen beim Pfarrhausbau von 1880 und der Untersuchungen H. Mürdels von 1908 mit Ergänzungen. Der Gesamtplan wurde mit Hilfe des Königlichen Bauamts in Ellwangen gefertigt und stellt ein eindrucksvolles Dokument der Unterregenbacher Forschungsgeschichte dar.

sein dürfte. Mit Hilfe des Königlichen Bauamts Ellwangen entstand ein Gesamtplan, der über die Befundlage von 1908 Auskunft gibt und zugleich die Vorstellung verdeutlicht, die sich H. Mürdel von der Großen Basilika gebildet hatte. Anhand dieser Unterlagen ließen sich für die archäologischen Untersuchungen der Jahre 1972, 1974 und 1979/84 präzise Forschungsfragen formulieren.

Bei den systematischen archäologischen Untersuchungen konnte die Baugeschichte der Basilika geklärt werden, eine Abfolge von Maßnahmen, die ein deutliches Zeugnis davon geben, daß die Kirchenanlage in Unterregenbach keine Stiftung war, die zu großer Blüte gelangte, sondern relativ rasch Merkmale des Niedergangs aufwies. Entgegen früheren Überlegungen reicht die Basilika nicht bis ins frühe Mittelalter zurück. Die lange Zeit für karolingisch gehaltene Krypta erwies sich als zur Basilika gehörender, gleichzeitiger, nicht auf einen vermuteten Vorgängerbau zurückgehender Bestandteil.[35] Die Datierung der Kirche in das ausgehende 10. Jahrhundert basiert einmal auf der stilkritischen Analyse der Kapitelle durch Kummer[36] und findet ihre Bestätigung im Fundmaterial, das bei den systematischen Grabungen zutage trat.

35 G. P. Fehring u. G. Stachel, Unterregenbach. Neue Grabungsbefunde und erreichter Forschungsstand. Forsch. u. Ber. Arch. MA 4 (1977) 216, erschlossen einen Vorgängerbau, von dem Teile als Spolien (Kryptenkapitelle) wiederverwendet wurden. Diese Hypothese ließ sich bei den Untersuchungen seit 1979 nicht bestätigen. Gerade im Übergangsbereich zwischen Krypta und Kirchenschiff, im Bereich des nördlichen Kryptenzugangs, ließ sich der Bauablauf nachvollziehen, der dafür spricht, daß ein einheitlicher Bauvorgang vorliegt.

36 S. Kummer, Die Krypta von Unterregenbach und ihre Kapitelle. Ein Beitrag zur ottonischen Architektur in Süddeutschland. Forsch. u. Ber. Arch. MA 7 (1981) 149ff.

Im Rahmen des Großbaus Basilika war die Krypta sicher als Unterkirche für die Verehrung von Reliquien gedacht und diente – unter bautechnischem Aspekt – dem Ostteil der Basilika gleichsam als Substruktion, die dem nach Osten hin abschüssigen Geländeverlauf entgegenwirkte. Sie ist dadurch charakterisiert, daß sie als hallenartige, durch Pfeiler in Joche gegliederte Konstruktion die gesamte Kirchenbreite in Anspruch nahm und eine östliche Apsis besitzt, in die ein Säulen- und ein Pfeilerpaar eingestellt waren, die Kompositkapitelle aufwiesen. Ebenso wie die Stützen selbst sind sie besonders aufwendig gestaltet und setzen sich von den Pfeilern der Kryptenhalle mit ihren Pyramidenstümpfen als Basen und Kapitelle deutlich ab.[37] Die Stützen in der Apsis wirken daher baldachinar-

37 Die Apsis der Krypta wurde 1976 rekonstruiert: H. SCHÄFER, Die Wiederherstellung der romanischen Krypta unter dem Pfarrhaus in Langenburg-Unterregenbach, Kr. Schwäbisch Hall. Denkmalpfl. Bad.-Württ. 6, 1977, 35 ff.

Abb. 16 Ansicht der Krypta von Westen, nach der Wiederherstellung 1977.

Abb. 17 Säulenkapitell aus dem Apsisbereich der Krypta, aufgefunden 1880 beim Bau des heutigen Pfarrhauses. Verkauft an das nachmalige Württembergische Landesmuseum, Stuttgart. H. ca. 19 cm.

Abb. 18 Pfeilerkapitell aus dem Apsisbereich der Krypta (Württembergisches Landesmuseum, Stuttgart). H. ca. 30 cm.

Abb. 19 Fragment eines Säulenkapitells, das im Grabungsareal Frankenbauer gefunden wurde und aus der Großen Basilika stammen dürfte. Nach Beschädigung bzw. baulicher Verkürzung der Basilika gelangte es als Baumaterial in den Herrensitzbereich. H. ca. 12 cm.

Abb. 20 Nördlicher Abgang in die Krypta der Basilika, nach Süden gestört durch einen 1908 angelegten Brunnen.

tig, hier dürfte – archäologisch allerdings nicht belegbar – der Standort des Kryptenaltars anzunehmen sein.

Der heutige Abgang in die Krypta wurde in der frühen Neuzeit angelegt. Ursprünglich gelangte man von der Basilika über teilweise überwölbte, in den Nebenschiffen gelegene Zugänge in die Krypta. Sie mündeten in den westlichen Eckbereichen in die Kryptenhalle, in deren Nordwand eine heute vermauerte Türöffnung ablesbar ist. Ob sie zum ursprünglichen Baubestand gehört und mit einem in seiner Baugestalt nur unzureichend bestimmbaren Anbau nördlich der Krypta in Verbindung zu sehen ist, konnte nicht geklärt werden.

Abb. 21 Gesamtplan der Befunde im Grabungsbereich Große Basilika. ▶

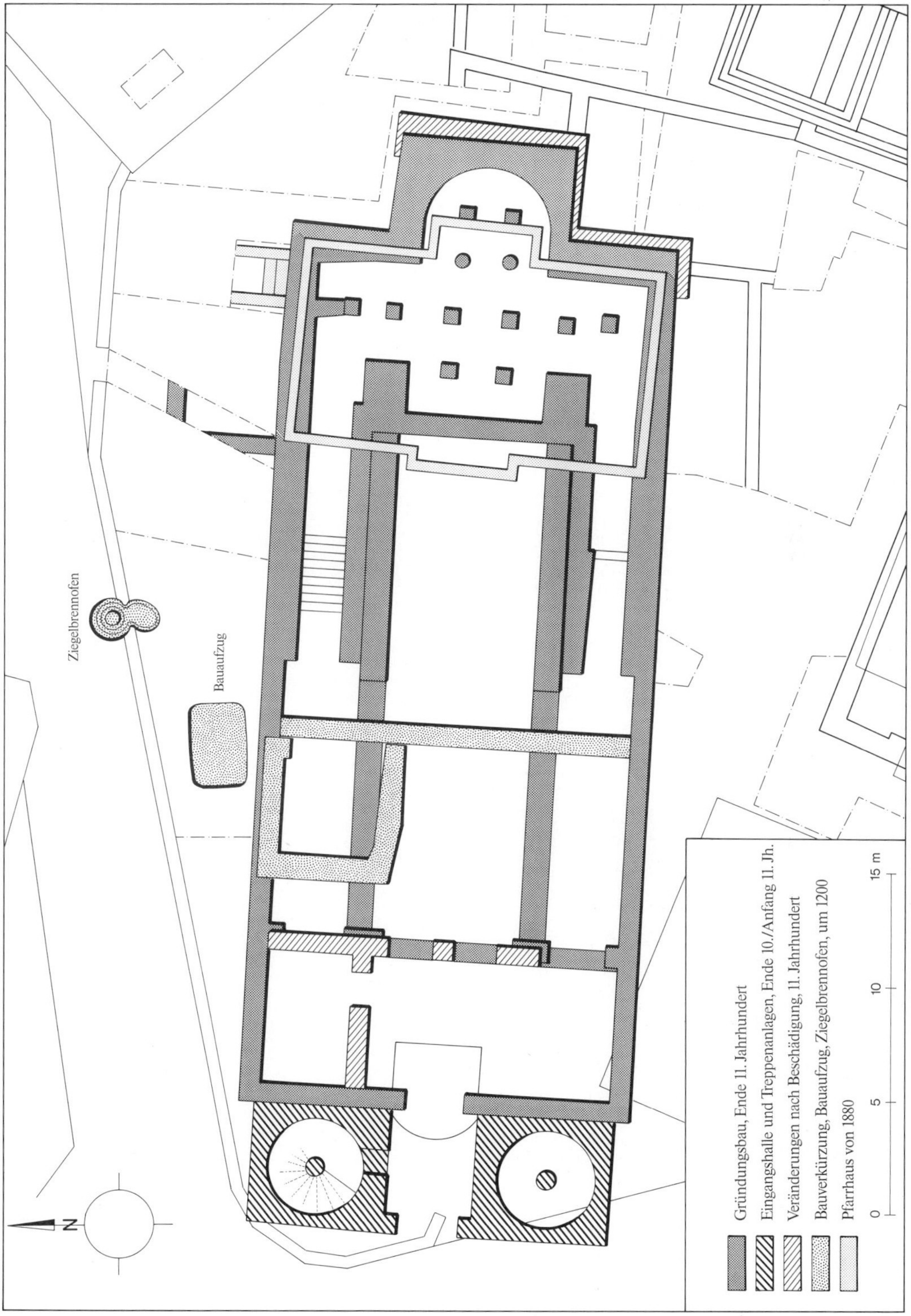
Ziegelbrennofen
Bauaufzug
Gründungsbau, Ende 11. Jahrhundert
Eingangshalle und Treppenanlagen, Ende 10./Anfang 11. Jh.
Veränderungen nach Beschädigung, 11. Jahrhundert
Bauverkürzung, Bauaufzug, Ziegelbrennofen, um 1200
Pfarrhaus von 1880
0
5
10
15 m
N

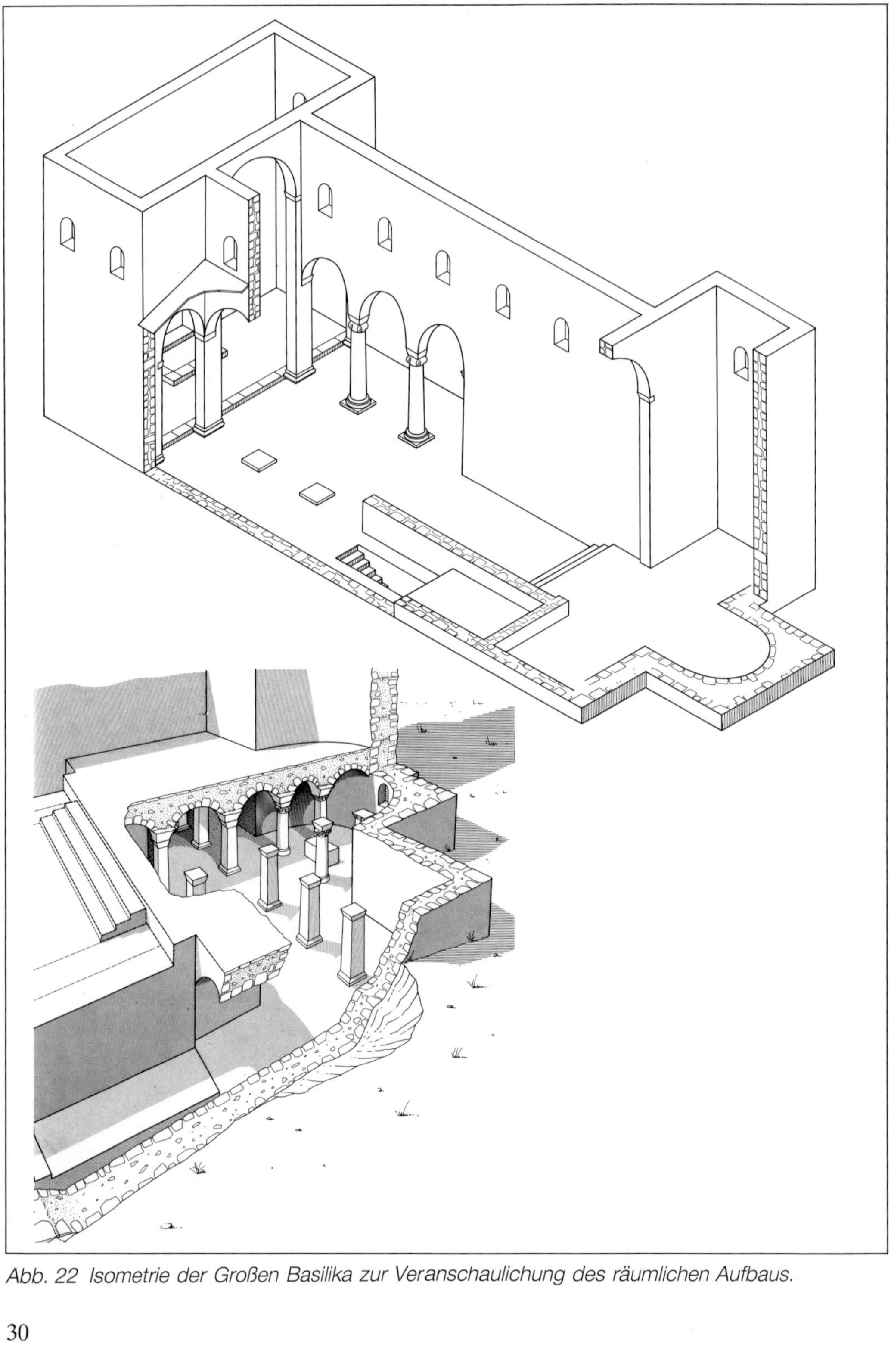

Abb. 22 Isometrie der Großen Basilika zur Veranschaulichung des räumlichen Aufbaus.

Ob die Krypta über ein Heiligengrab oder ein Sepulkrum für Reliquien verfügte, ist bis heute ungewiß. Vorstellbar wäre eine Grabanlage im jetzt von der Zugangstreppe überlagerten Bereich der Westwand, wie es für zahlreiche andere Kryptenanlagen überliefert ist.

Die Große Basilika selbst war ein dreischiffiger Bau. Die Fundamente der nördlichen und westlichen Außenwand und die Arkadenfundamente konnten weitgehend vollständig aufgedeckt werden. Durch die Anlage von Gräbern bei der Pfarrkirche St. Veit war die Südwand der Basilika nur noch in geringen Resten erhalten, auch der Bau des Schulhauses (des heutigen Museums) hatte hier die archäologische Substanz stark beeinträchtigt.

Im Westen mündet das dreischiffige Langhaus der Basilika in ein Querschiff, und auch im Osten wird ein über der Kryptenhalle gelegenes Querschiff zu rekonstruieren sein.

Wie die Arkaden zwischen dem Mittelschiff und den begleitenden Seitenschiffen ausgesehen haben und wieviele Interkolumnien zu rekonstruieren sind, muß offen bleiben, wenn auch eine Reihe von aufgefundenen Bruchstücken, die von Kapitellen und Basen stammen, einen beschränkten Einblick in die Ausstattungsqualität der Kirche erlaubt.

Wichtig für den räumlichen Aufbau und die räumliche Gliederung der Basilika ist eine Beobachtung, die bei den Streifenfundamenten der Arkaden gewonnen werden konnte, die die Grenze zwischen dem Hauptschiff und den begleitenden Seitenschiffen markieren. Wie sich an einigen Stellen beobachten ließ, ragten die Streifenfundamente im östlichen Bereich der Basilika über das Niveau des in großen Teilen erhaltenen Mörtelestrichs der Kirche hinaus. Daraus muß der Schluß gezogen

Abb. 23 Fußboden im östlichen Teil des Hauptschiffs mit dem Abdruck einer hölzernen Konstruktion, möglicherweise einer Chorschranke. Am oberen Bildrand Reste der nördlichen Begrenzungsmauer des östlichen Hauptschiffs, hinter der der nördliche Abgang in die Krypta liegt.

werden, daß hier keine direkte Verbindung mehr zwischen dem Hauptschiff der Kirche und den östlichen Teilen der Nebenschiffe bestanden haben kann. Ob an dieser Stelle Bogenstellungen auf über das Fußbodenniveau hinausgehenden Mauersockeln zu rekonstruieren sind[38] oder ob hier, was glaubhafter erscheint, massive Wände vorhanden waren, muß gegenwärtig offen bleiben.

Die Unterteilung des von Querschiffen im Westen und Osten begrenzten Langhauses in zwei Bereiche unterschiedlicher Raumqualität erweist sich auf dem Hintergrund weiterer Befunde als folgerichtig: in den östlichen Teilen der Nebenschiffe liegen die Abgänge der Krypta, so daß hier keine Notwendigkeit und Möglichkeit des freien

38 H. Schäfer u. G. Stachel, Die Große Basilika in Langenburg-Unterregenbach, Kr. Schwäb. Hall. Württ. Franken 68, 1984, 3ff.; vgl. bes. Abb. 6.

Abb. 24 Die Nordwestecke der Basilika mit angefügter Nordmauer des Westbaus, 1908.

Durchgangs vom Hauptschiff zu den Nebenschiffen bestand. Im Hauptschiff selbst, etwa auf der Mitte seiner Längserstreckung, scheint zudem eine Abschrankung, wohl eine Chorschranke, installiert gewesen zu sein, die das Kirchenschiff in zwei Bereiche unterteilte. Auf ihre Existenz deuten Vertiefungen im Mörtelestrich hin, die schon mit dem Einbringen des Fußbodens entstanden sind und von einer hölzernen Schwellkonstruktion einer Schranke mit seitlichen Durchgängen herrühren können.

Der Basilika wurde, wie sich aus der unterschiedlichen Tiefe der Fundamentierung

Abb. 25 Nördlicher Teil des Westbaus der Großen Basilika: Treppenturm mit Resten von Spindel und erster Stufe. Der Zugang erfolgte von der südlich anschließenden Eingangshalle aus.

und weiteren Konstruktionsmerkmalen erschließen läßt, nachträglich ein ‚Westwerk' angefügt. Ob diese architektonische Komplettierung der Kirchenanlage in größerem zeitlichen Abstand erfolgte oder ein zweiter, nachträglich konzipierter Bauabschnitt war, der unmittelbar nach der Fertigstellung des Kirchenraums begonnen wurde, ließ sich nicht mehr ermitteln, sehr groß kann der zeitliche Abstand jedoch nicht gewesen sein.

Dieser Anbau zeigt eine Dreiergliederung. Zwischen zwei im Grundriß fast quadratischen Bauteilen lag eine schmale, offene Eingangshalle, die auf das Westportal der Basilika ausgerichtet war. Im nördlichen Teil des Westbaus wurde der Rest einer Treppenspindel und die erste Stufe einer Wendeltreppe festgestellt: Beleg dafür, daß der quadratische nördliche Turm völlig von einem in seiner Breite recht repräsentativen Aufgang in Anspruch genommen wurde. Die Befunde südlich der Eingangshalle waren durch Bestattungen so sehr zerstört, daß nur wenige Hinweise darauf hindeuten, daß auch hier ein Treppenturm vorhanden war.

Wohin die mit einer Breite von 1,50 m repräsentative Treppenanlage führte, wird sich anhand der archäologischen Befunde nicht klären lassen. Man wird sich vorstellen können, daß sie in eine Kapelle oder eine ‚Herrschaftsloge' führte, die dem Stifter des Unterregenbacher Stifts oder Klosters vorbehalten war. Sollte diese Deutung zutreffen, wird man sich den Baukörper, der an die Basilika angefügt wurde, westwerkartig vorstellen können, ohne daß von einer voll ausgebildeten Zweiturmfassade[39] zu sprechen ist.

Die nächste archäologisch faßbare Baumaßnahme wurde durch eine erhebliche Beschädigung der Basilika verursacht. Besonders der westliche Teil der Kirche muß große Schäden aufgewiesen haben, die eine Erneuerung von Mauern bis auf Fußbodenhöhe notwendig machten. Die nachweisbaren Reparaturmaßnahmen belegen, daß die Basilika im westlichen Teil weitgehend abgetragen worden sein muß; gegen die Annahme, es könne auch ein Teileinsturz der Kirche erfolgt sein, spricht der gute Erhaltungszustand des Fußbodenestrichs und ebenso die Tatsache, daß die Erneuerungs- bzw. Wiederaufbaumaßnahmen keine Fundamentarbeiten einbezogen. Ausnahme könnte hier die Fundamentverstärkung in Gestalt einer Vorblendung im unteren Bereich der Querhaus- und Kryptenostwand sein. Diese Maßnahme kann nur mit statischen Problemen begründet werden, zumal sich im ursprünglichen Mauerwerk des südöstlichen Eckbereichs deutlich Risse und Verrutschungen oberhalb des Fundaments feststellen ließen. Hinweise darauf, daß auch in diesem Teil der Kirche Reparaturmaßnahmen durchgeführt werden mußten, fehlen allerdings.

In jedem Fall war das Unglück, das durch die Reparaturmaßnahmen belegt ist, mit einem großen Brand verbunden. Der Fußbodenestrich wies stark angeglühte Bereiche auf, die Sandsteinstufe zwischen westlichem Querschiff und basilikalem Langhaus war rot angeschwelt und beschädigt. Die räumliche Struktur der Kirche wurde bei den Reparaturmaßnahmen verändert: die Öffnungen zwischen den Seitenschiffen und dem westlichen Querhaus wurden geschlossen und die Arkade zwischen dem Mittelschiff und dem westlichen Querschiff

39 Das Problem der Deutung des Eingangsbereichs, insbesondere die Frage, welche Stellung dieser Bauteil auf dem Hintergrund der Westwerkfrage einnimmt, muß gegenwärtig offen bleiben.

wurde mit einer Zwillingsarkade verkleinert. Das Pfeilerpaar am Übergang zwischen Querhaus und basilikalem Langhaus muß bei dieser Neubaumaßnahme völlig erneuert worden sein, denn Teile dieser Pfeiler fanden sich bei der Zwillingsarkade in sekundärer Verwendung.

Der räumliche Aufbau der Großen Basilika (Querschiff – Langhaus – Querschiff/Chor) wurde durch die Wiederherstellungsmaßnahmen demnach erheblich gestört. Der Verdacht ist nicht von der Hand zu weisen, daß das westliche Querschiff nicht mehr vollständig wiederaufgebaut wurde, zumal sein nördlicher, in Verlängerung des Seitenschiffs liegender Teil durch eine Mauer abgetrennt wurde, so daß hier ein geschlossener, von Süden zugänglicher Raum entstand. Diesem Verzicht auf architektonische Qualität entspricht die handwerklich grobe Ausführung des Wiederaufbaus, bei dem man sich nicht scheute, die Werkstükke des Ursprungsbaus grob zu überarbeiten, indem man etwa die attischen Basenprofile in grobe Pyramidenstümpfe verwandelte.

Abb. 26 Nördlicher Teil des westlichen Querschiffs mit flächig erhaltenem Mörtelestrich. Im Vordergrund Reste der jüngeren Mauer, die den nördlichen Teil des Querschiffs vom übrigen Raum abtrennte.

Abb. 27 Grenzbereich zwischen dem nördlichen Seiten- (links) und dem westlichen Querschiff (rechts), der durch eine Sandsteinstufe markiert wird. Nach Beschädigung wurde hier die Pfeilerkonstruktion geändert und der Durchgang zwischen Quer- und Seitenschiff vermauert.

Die schon von Verlust an Bedeutung und Zuwendung gekennzeichneten Maßnahmen des Wiederaufbaus waren offenbar nicht von langer Dauer, denn der Niedergang der Basilika scheint sich bald fortgesetzt zu haben. Zuerst muß das westliche Querhaus aufgegeben worden sein und als Ruine dagestanden haben, denn hier fand sich auf dem Fußbodenestrich eine durchgehende Humusschicht, während im westlichen Teil des Langhauses der Basilika die Abbruchschicht, die zur nächstfolgenden Baumaßnahme überleitet, direkt den Fußboden überlagerte.

Der bauliche Verfall der Großen Basilika mündete in die Aufgabe ihres westlichen Teiles. Unmittelbar westlich der Kryptenabgänge wurde eine neue westliche Ab-

Abb. 28 Grabungsareal Große Basilika im Überblick von Westen. Im Vordergrund Reste des Westbaus mit Treppenturm. Die Fundamente der Nordwand und der Nordarkade werden durch den Turmanbau der verkürzten Basilika überlagert, der an die etwa 1200 entstandene Nord-Süd verlaufende Abschlußwand angefügt wurde.

schlußmauer errichtet, eine etwas gewagte Konstruktion, da man auf jegliche Fundamentierung verzichtete und die Mauern unmittelbar auf den Fußboden der Basilika gründete. Künftige Bauschäden waren damit vorgegeben.

Dieser Baumaßnahme sind zwei Befunde an der Nordseite der Kirche zuzurechnen: nahe der Nordwestecke des Restbaus wurde eine Grube von rund 3 × 2 m Seitenlänge festgestellt, in deren Verfüllung die Spuren zweier ‚Pfosten' erhalten waren. Die ‚Pfosten' selbst, als Aufzugsbäume zu deuten, sind offenbar nach ihrer Benutzung und in Hinblick auf entsprechende Weiterverwendung gezogen worden. Auf sie ausgerichtete Verstrebungen und Verkeilungen gegen die Grubenwand waren hingegen archäologisch faßbar. Das Ganze ist als Bauaufzug zu deuten, der dazu diente, Baumaterial auf das Baugerüst zu heben.

Der zweite Befund ist ein kleiner Brennofen für die Produktion von Dachziegeln, der von der heutigen nördlichen Friedhofsmauer überlagert wurde und noch in den heute anschließenden Straßenbereich hineinragte. Dem Brennofen vorgelagert war eine Grube, in der anscheinend das Rohmaterial für die Ziegel aufbereitet wurde. Naheliegend ist hier die Vermutung, daß sich die Große Basilika insgesamt in einem so schlechten Bauzustand befunden haben muß, daß trotz der Verkürzung der Kirche nicht mehr genügend wiederverwendbare Ziegel vorhanden waren, um die Dächer des reduzierten Baus zu decken.

Die Begleitfunde sprechen für eine Datierung der Baumaßnahme um 1200. Zu diesem Zeitpunkt dürfte die Kirche nicht mehr all die Funktionen erfüllt haben, die ihr ursprünglich einmal zugedacht gewesen waren. Es fällt jedoch auf, daß bei der Verkürzung der Basilika offenbar darauf geachtet wurde, daß nicht nur das Hauptschiff benutzbar blieb, sondern auch die Abgänge in die Krypta vom verkleinerten Kirchenraum aus begehbar waren. Dies mag als Hinweis darauf zu verstehen sein, daß zwar kein Konvent nennenswerter Größe mehr vorhanden gewesen sein dürfte, die Krypta aber die ihr zugedachte Funktion – vermutlich Reliquienverehrung, vielleicht auch im Rahmen einer Wallfahrt – weiterhin zu erfüllen hatte.

Die verkürzte, auf rund die Hälfte ihrer ursprünglichen Größe reduzierte Basilika muß, wie erwähnt, noch Funktionen erfüllt haben, denen man einige Bedeutung zumaß. Dies zeigt sich auch darin, daß man im Westen einen kleinen rechteckigen Baukörper nachträglich anfügte, der vermutlich als Turm zu deuten ist. Der Zeitpunkt ist nicht genau bestimmbar. Als jedoch die Baumaßnahme durchgeführt wurde, hatte sich offenbar die genaue Kenntnis der ursprünglichen Basilika, von der demnach wohl keine Reste des Mauerwerks mehr sichtbar waren, verloren. So wurde das Streifenfundament der ehemaligen Nordarkade nicht für den Anbau ausgenutzt, vielmehr wurde es teilweise ausgebrochen und – ohne qualitative Verbesserung – neu angelegt. Die Fundamente der ehemaligen Nordmauer wurden ungefähr aufgenommen, eher zufällig, denn das neue Mauerwerk negiert die alte Flucht. Naheliegend, wenn auch nicht belegbar, ist die Funktion des Anbaus als Glockenturm.

Die Restbasilika bestand bis in das 13. Jahrhundert, ihr Verfall und schließlich ihr Abbruch dürfte bis zur Mitte des 13. Jahrhunderts erfolgt sein. Lediglich die Krypta wurde belassen, was zu der Frage führt, ob mit dem Abbruch des Kirchenschiffs die Aufgabe aller kirchlichen Funktion verbunden war oder ob es sich um eine zweite Reduktion des Bauvolumens bei unveränderter kirchlicher Nutzung handelte.

Abb. 29 Reste eines um 1200 betriebenen Ziegelbrennofens nördlich der Großen Basilika, überlagert durch die heutige Kirchhofumfriedung.

Für die letztgenannte Deutung spricht ein Befund, der im Zusammenhang mit der archäologischen Untersuchung des Außengeländes gemacht werden konnte. Östlich der Großen Basilika, der einzigen Stelle, an der sich die archäologische Schichtenabfolge unversehrt erhalten hatte, wurde eine über Abbruchschutt liegende Schicht beobachtet, aus der ungewöhnlich viele Münzen geborgen werden konnten, die dem Zeitraum vom 14. Jahrhundert bis zur Mitte des 15. Jahrhunderts angehören. Ausgehend von Parallelbefunden wird man annehmen müssen, daß es sich um verlorengegangene Opfermünzen handeln dürfte, wie sie bei Kirchengrabungen in Benutzungsschichten häufig begegnen.

Da es sich bei der Fundschicht um eine Planierschicht handelt, ist bei dieser Deutung davon auszugehen, daß hier die umgelagerte Benutzungsschicht eines kirchlichen Gebäudes vorliegen muß. Die Münzen müßten dann entweder aus der Veitskirche oder aus der Großen Basilika stammen.

Aufgrund der Untersuchungen in der Veitskirche läßt sich sagen, daß dort mit dem Bau der heutigen Pfarrkirche keine Verlagerung der älteren Benutzungshorizonte verbunden war, diese Schichten vielmehr unter dem Fußboden der jüngeren Kirche erhalten geblieben sind. Daraus läßt sich mit großer Wahrscheinlichkeit ableiten, daß die Münzen als Opfermünzen der Großen Basilika zuzuordnen sind. Trifft dies zu, so stellen die Münzen der Planierschicht einen Beleg dafür dar, daß die kirchliche Nutzung im Bereich von Chor und Krypta bis in die Mitte des 15. Jahrhunderts zu verfolgen ist und erst zu diesem Zeitpunkt die endgültige Profanierung vollzogen wurde. Die Krypta wurde nunmehr als Keller genutzt und als solcher offenbar auch in Nutzungsrechte unterteilt, denn durch die Mauer der Apsis wurde ein neuer Zugang gebrochen und auch jener Zugang, der sich in der Nordwand der Krypta befand, wurde mit einem Kellerhals versehen.

Im 16. Jahrhundert wurde über der Krypta das zweite nachweisbare Pfarrhaus von Unterregenbach errichtet, die Apsis der Krypta zu diesem Zeitpunkt wohl aufgegeben und der heutige westliche Zugang angelegt.

Die Bauten zwischen den Kirchen und dem Frankenbauerhof

In dem hier genannten Grabungsbereich sollte einmal das Gelände zwischen beiden Kirchen auf mögliche bauliche Zusammenhänge hin untersucht und andererseits deren Bezug zum Frankenbauerhof geklärt werden.
Wie zu erwarten, wiesen sowohl Mauern als auch zugehörende Schichten starke Störungen und Zerstörungen durch Gräber auf, die hier seit dem frühen Mittelalter bis zur Auflassung des Friedhofs 1836 eingetieft worden waren. Lediglich ein etwa 4 m schmaler Streifen zwischen der Krypta und der noch bestehenden Friedhofsmauer im Osten erbrachte ungestörte archäologische Stratigraphie.

Bereits 1960/63 wurde an der Nordflanke der ältesten Saalkirche die Südwestecke eines Steinbaus[40] erfaßt (Phase 1), der, als Profangebäude gedeutet, mit dem Neubau der Kleinen Basilika anscheinend aufgelassen wurde. Diese Vermutung schien sich auch dadurch zu bestätigen, daß die Sokkelzone der Apsis den Wohnbau tangierte und seinen südlichen Zugang verschloß.
Erweiterungsgrabungen der 80er Jahre erlaubten eine Korrektur dieser Deutung: eine schon seinerzeit beobachtete innere Mauervorblendung (Phase 2a) stand wahrscheinlich in unmittelbarem Zusammenhang mit dem Durchbruch der Westwand zur Anlage eines neuen, ebenfalls auf die Kirche ausgerichteten Zugangs. Erfaßt wurde auch die Nordwest-Ecke des Gebäudes. Wie früher schon in seinem Südbereich, wurden auch im nördlichen Teil Reste eines Kalkmörtelestrichs von hoher Qualität erfaßt. Die Ostwand des Gebäudes war nicht erhalten. Unter der Voraussetzung, daß die Folgebauten des 13. und 14. Jahrhunderts Bezug auf die östliche Begrenzung dieses älteren Baus nahmen, dürften seine Maße etwa 14 × 13 m betragen haben.
Das von seinen Baumerkmalen her auf repräsentativen Charakter hindeutende Gebäude dürfte wie die Saalkirche in das 8./9. Jahrhundert zu datieren sein, zumal hier wie dort das Ausgangsniveau der Bauarbeiten fast unmittelbar über dem prähistorischen Siedlungshorizont liegt und die Fundamente gleichermaßen bis in das Bachgeröll einschneiden.[41]
Leider greifen die Gruben mittelalterlicher Bestattungen tief in die zum Gebäude gehörende Kulturschicht ein, so daß die Fundstücke weitgehend ihren datierenden Charakter verlieren. Sicher ist jedoch, daß dieses Gebäude wenigstens vier Jahrhunderte bestand und erst mit der Auflassung der Großen Basilika im Verlaufe der ersten Hälfte des 13. Jahrhunderts abgebrochen wurde.
Aufgrund der Lage des Gebäudes zwischen

40 FEHRING, Unterregenbach (s. Anm. 9) 47ff.
41 FEHRING, Unterregenbach (s. Anm. 9) 48, hielt diesen Bau für jünger als die Saalkirche, wobei sich dieser Eindruck im wesentlichen auf die Tatsache gründete, daß zwischen dem Fußboden des fraglichen Gebäudes und dem Fußbodenestrich der Krypta der Großen Basilika und dem jüngeren Steinbau im Bereich Frankenbauer Ähnlichkeit besteht. – Auch die jüngeren Grabungen führten zu keinem Fundmaterial, das eine verläßliche absolute Datierung ermöglicht.

der Saalkirche im Westen und dem mutmaßlichen ‚Herrensitz' (Frankenbauerhof) im Osten war die Zugehörigkeit zum einen oder anderen Bereich nicht offensichtlich. Für eine Zugehörigkeit zur Kirche spricht die Ausrichtung der im Westbereich des Gebäudes gelegenen Zugänge zunächst nach Süden, dann gegen Westen, die sich in jedem Falle mehr auf die Kirche als auf den Herrensitz hin bezogen. Eine Deutung als ‚Konventsgebäude' gewinnt an Wahrscheinlichkeit, wenn man den Zeitraum seines Bestehens berücksichtigt, denn auffallend ist, daß der Bau mit der ältesten Kirche seinen Anfang nimmt und mit dem Abbruch der Großen Basilika aufgelassen wird.

Abb. 31 Gesamtplan der Befunde im Grabungsbereich St. Veit und Basilika-Friedhof. ▶

Abb. 30 Das Grabungsareal zwischen der Großen Basilika und der heutigen Pfarrkirche wurde bis 1836 als Friedhof genutzt, so daß die archäologischen Befunde beeinträchtigt waren.

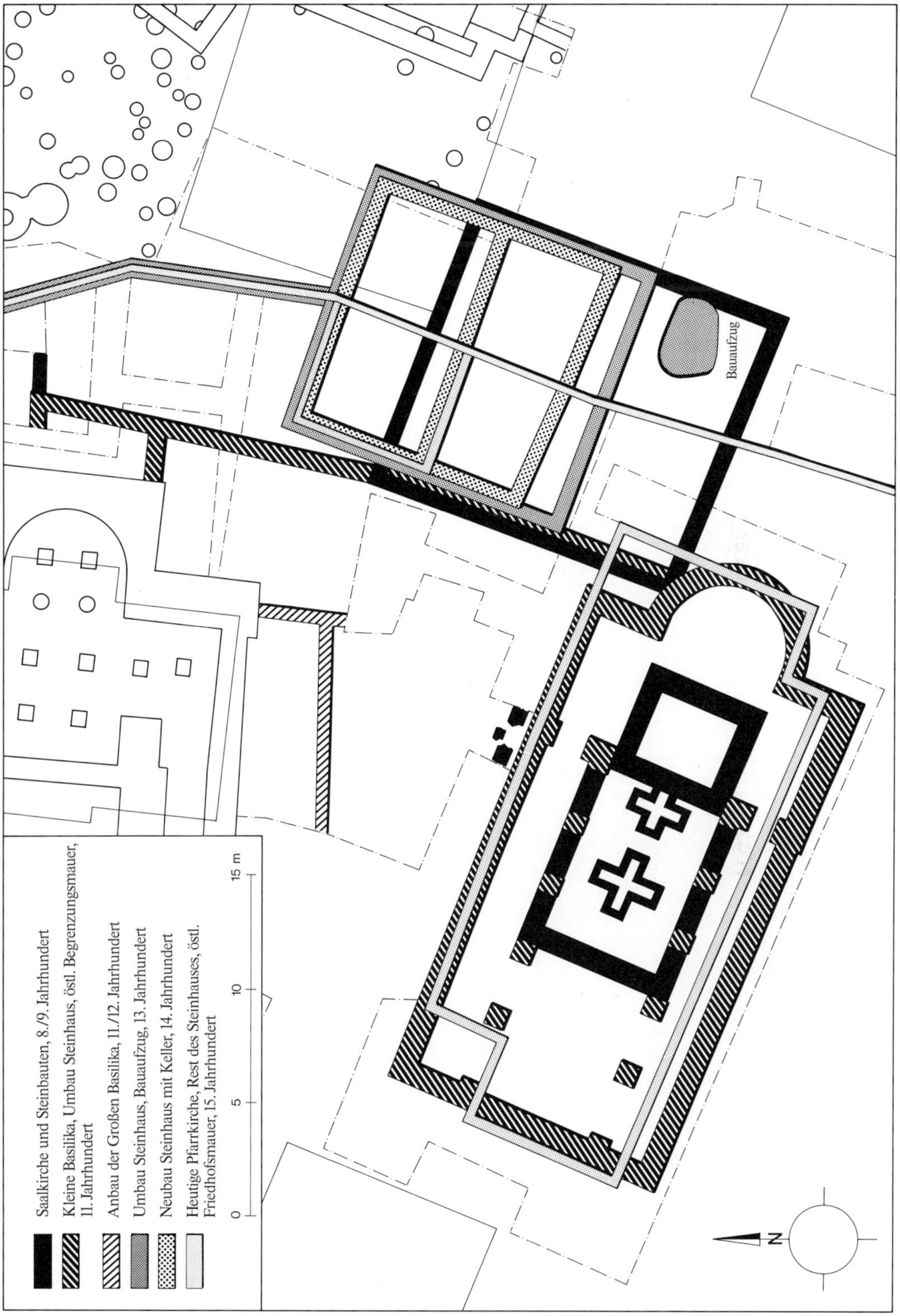

Saalkirche und Steinbauten, 8./9. Jahrhundert
Kleine Basilika, Umbau Steinhaus, östl. Begrenzungsmauer, 11. Jahrhundert
Anbau der Großen Basilika, 11./12. Jahrhundert
Umbau Steinhaus, Bauaufzug, 13. Jahrhundert
Neubau Steinhaus mit Keller, 14. Jahrhundert
Heutige Pfarrkirche, Rest des Steinhauses, östl. Friedhofsmauer, 15. Jahrhundert
0
5
10
15 m
Bauaufzug
N

Abb. 32 Steingebäude nördlich der Saalkirche bzw. der Kleinen Basilika. Im Vordergrund die Südwand des Steinhauses aus dem 13., darüber die aus dem 14. Jahrhundert. Ganz links die Westwand des ältesten Gebäudes, rechts die Friedhofsmauer aus dem 15. Jahrhundert.

Abb. 33 Mauerbefunde östlich der Großen Basilika. Von Süden kommend die Begrenzungsmauer Phase 2 mit der zur Apsis der Kirche laufenden West-Ost-Mauer. Links ein älteres Mauerfragment ungeklärter Funktion aus der ältesten Bauphase.

Wohl nach Errichtung der Großen Basilika entstand eine Abgrenzungsmauer, die an die Nordwestecke des älteren Gebäudes ansetzte und in einer Abbiegung im nordseitigen Teil des Chores der Großen Basilika anschloß (Phase 2b). Damit war nicht nur eine Verklammerung beider, in ihrer Ausrichtung nicht übereinstimmender Kirchenbereiche geschaffen, sondern auch deren Begrenzung gegen Osten gegeben. Allerdings zeigte sich in Verlängerung der zum Chor abknickenden Mauer ein im Eckbereich abgeschnittener, nach Osten verlaufender älterer Mauerteil (Phase 1), dessen Zuordnung und Funktion nicht geklärt werden konnte. Auch seine Datierung bleibt offen, zumal die Relation zur Krypta selbst nicht nachvollziehbar ist.

Südlich der Großen Basilika wurde, in paralleler Ausrichtung und in etwa 3 m Abstand zu Querhaus und Krypta liegend, ei-

Abb. 34 Zwischen der Krypta der Großen Basilika und der Außenmauer eines an die Basilika angefügten Baukörpers (links) wurde nachträglich ein Kalkofen eingebaut.

ne Mauer erfaßt, die in ihrem weiteren Verlauf nach Westen noch nicht untersucht wurde (Phase 3). Nach Osten zu bindet sie in eine Nord-Süd verlaufende Mauer ein, die einerseits gegen eine nachträgliche Vormauerung der Krypta stößt, in ihrem Verlauf nach Süden allerdings durch Grabgruben völlig beseitigt worden ist und somit nicht weiterverfolgt werden konnte. Verlängert man jedoch den noch erhaltenen Mauerteil über die archäologisch ergrabenen Reste hinaus nach Süden, so könnte er etwa östlich des Querhausportals an die Kleine Basilika angeschlossen haben.

In welchem Zusammenhang diese recht späte Baumaßnahme zu sehen ist, läßt sich aufgrund der archäologischen Befunde nicht deuten. Möglicherweise bestand hier ein nicht mehr bestimmbarer Verbindungsbau zwischen der Großen und der Kleinen Basilika, dessen Funktion offen ist.

Nach dem Auflassen eines Teiles der Großen Basilika und deren Verkürzung um 1200 erfolgte – wahrscheinlich innerhalb eines Zeitraumes von nur etwa 50 Jahren – der Abbruch der Restkirche sowie aller angrenzenden Bauten, einschließlich des älte-

Abb. 35 Die Befunde östlich der Basilika im Überblick von Westen. In der Bildmitte der unterkellerte Bereich der Phase 5, der älteres Mauerwerk überlagert.

sten erfaßten Profanbaus. Dieser Vorgang läßt sich aus der Stratigraphie und den eingelagerten Funden deutlich ablesen: über einer ersten Abbruchschicht, von der aus, wie sich nachweisen ließ, noch eine Pfostengrube eingetieft wurde, lagert schließlich eine zweite, bis zu 1 m mächtige Abbruchschicht. Sie besteht hauptsächlich aus Kleingestein, Fugenmörtel, aber auch bemalten Wandputzstücken und Fragmenten von Bauplastik, die offenbar nach ihren Formen der Großen Basilika zuzuweisen sind.

Archäologisch nachweisbar, nutzte man die Bauten als Steinbruch. Dies ließ eine Arbeitsstelle erkennen, an der man die Steine von anhaftendem Mörtel und Putzen befreite. Auf dem Abschlag lagen Feuerstellen, die mit den Schichten über sich wuchsen. Offenbar bereiteten die dort tätigen Arbeiter ihre Mahlzeit zu. Sowohl in der Holzkohle als auch im näheren Umkreis fanden sich zahlreiche Schweineknochen. Es fiel auf, daß nur Teile der Köpfe und unteren Extremitäten dieser Tiere auf dem Speisezettel standen.

Die Bauabfälle planierte man ein, und deutlich ist das Bestreben zu erkennen, das gegen Osten fallende Gelände aufzuhöhen, um eine ebene Fläche zu gewinnen, die dazu dienen konnte, den Friedhof auszuweiten.

In einem direkten Verhältnis zu der großen Masse von abgelagertem Bauschutt muß die gewaltige Menge der zur Wiederverwendung vorbereiteten Bausteine gestanden haben. Zahlreiche Keramikfunde aus einer den Bauschutt deckenden Planierschicht erlauben eine Eingrenzung der Abbruchphase auf den Zeitraum zwischen 1200 und 1250.

Darüber, für welchen Zweck das Steinmaterial hergerichtet wurde, lassen sich nach gegenwärtiger Befundlage allenfalls Vermutungen anstellen. Am Ort selbst entstanden nachweislich unmittelbar danach zwei Bauten: ein massives Wohngebäude (Phase 4) und sicher die nach Osten verlagerte und gegen Norden verlaufende Friedhofsmauer, die nur eines Teils der Steinmassen bedurften. Man wird vermuten dürfen, daß die Steine in eben diesem Zeitraum möglicherweise auch für den Ausbau von Burg und Stadt in ‚Langenberg' verwendet wurden.

Der Neubau (Phase 4), der nach dem Abbruch des älteren Wohngebäudes errichtet wurde, maß etwa 13 × 12 m. Er wurde, im Verhältnis zur älteren Bebauung, um einige Meter nach Norden versetzt, nimmt aber mit seiner Ostbegrenzung wahrscheinlich Bezug auf die durch den Vorgängerbau vorgegebene Flucht. Nachweisbar ist ein Zugang von Süden. Gleichzeitig, etwa an den mittleren Bereich seiner Nordmauer anziehend, errichtete man die nach Norden verlaufende Friedhofsmauer.

Das Schicksal des eben genannten Wohnbaus ließ sich in seinem Fundament ablesen: die ohne Eintiefung in der Schräglage des nach Osten fallenden Geländes aufgesetzte unterste Steinlage dürfte zum Abrutschen und zum Einsturz der Westmauer geführt haben, obwohl man nachträglich versucht hatte, die Wand durch eine Vormauerung zu sichern.

Unmittelbar nach der Aufgabe dieses Gebäudes entstand unter Beibehaltung der noch weitgehend intakten Mauern im 14. Jahrhundert ein Neubau mit einem im Norden abgegrenzten Kellerteil (Phase 5). Hier sitzt der Neubau auf der noch etwa 2,50 m hoch erhaltenen Nordmauer des Vorgängerbaus auf: eine neue Innenschale wurde vorgeblendet und stand, gegen Grund gemauert, auf dem nunmehr abgesenkten Boden des Kellers. Bis auf einen

Abb. 36 Nordseite des Kellers von Gebäude Phase 5 mit Lichtnische (links) und freiliegendem Fußboden.

kurzen Rest südlich der alten Nordwestekke erfolgte die Neugründung der Westmauer über einem sehr breit angelegten Fundament. Die Südmauer versetzte man im Vergleich zu der des Vorgängerbaus noch einmal gegen Norden.

Als Grund für diese Maßnahme mag ein Befund im Bereich Frankenbauer sprechen: in geringem Abstand ließ sich vor dem Eckbereich südlich des Gebäudes eine Grube für einen Bauaufzug feststellen, vergleichbar mit jenem im Zusammenhang mit der Großen Basilika beschriebenen Befund.

Geht man davon aus, daß ein Baugerüst in Reichweite des Aufzugbaums gestanden haben muß, so dürfte hier der Eckbereich eines Neubaus gelegen haben, der etwa zeitgleich mit dem oben genannten Gebäude (Phase 5) entstanden sein muß. Von diesem Neubau ließen sich jedoch bei der Grabung bis auf wenige Steinplatten einer Bodenbefestigung keine Mauerreste mehr feststellen. In Verbindung mit einem zweiten zeitgleichen Bauaufzug wenige Meter südlich möchte man annehmen, daß an dieser Stelle ein repräsentativer Steinbau entstand. Ist man geneigt, dieses Gebäude dem Inhaber einer für 1297 belegten curia zuzuweisen, die als Sitz eines Dienstmannen des Herren von Hohenlohe genannt wird, so bleibt die Frage, wer das erneuerte Haus nebenan bewohnte.

In Anknüpfung an die Tatsache, daß die Vorgängerbauten in Beziehung zu den Kirchen zu sehen sind, ist die Vermutung nicht abwegig, daß es sich bei dem teilunterkellerten Bau um das erste Pfarrhaus von Unterregenbach handeln könnte.

Es sind einige Hinweise gegeben, daß der oben genannte, unterkellerte Bau bald nach seiner Entstehung, d.h. noch im 14. Jahrhundert, durch einen Brand vernichtet wurde. Das im Brandschutt reichlich gefundene Inventar deutet auf eine überraschende Feuersbrunst. Ein Wiederaufbau erfolgte an dieser Stelle nicht mehr.

Die ursprünglich an die Nordwand geführte Friedhofmauer wurde nun nach Süden verlängert und durchschnitt die Ruine in ihrem mittleren Bereich (Phase 6). Erhalten blieb dabei der westliche Kellerteil, der einen neuen, den Brandschutt abdeckenden Lehmestrich erhielt. Darüber dürfte ein nunmehr turmartig wirkender Überbau gestanden haben. Noch in der „Beschreibung des Oberamts Gerabronn“ von 1847 ist die Rede von „einem alten, halb abgebrochenen Turm“, den die Kirche zur Seite habe. Stratigraphisch nachweisbar, wurde der ‚Turm‘ in der Neuzeit verfüllt. Erst mit der Verlängerung der Friedhofmauer nach Süden nahm man die endgültige Trennung zwischen Sakralbereich im Westen und Profanbereich im Osten vor.

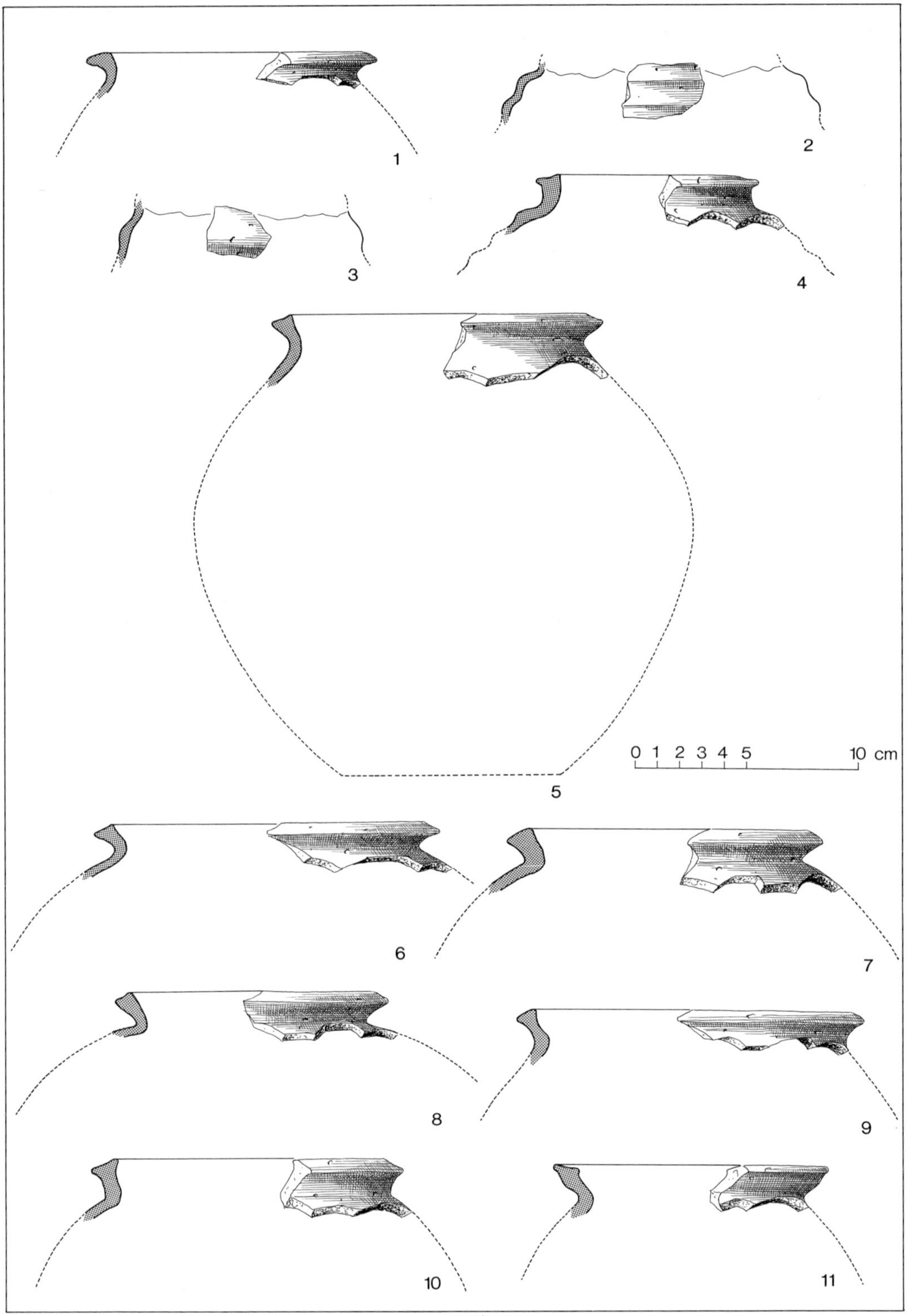
1
2
3
4
5
0 1 2 3 4 5 10 cm
6
7
8
9
10
11

◀ Abb. 37 Ältere, gelbtonige Drehscheibenware, M. 1:3.

Die Anfänge der Siedlung Unterregenbach, durch keinerlei schriftliche Zeugnisse erhellt, können nur mit Hilfe des Kleinfundmaterials zeitlich festgelegt werden. Beste Anhaltspunkte liefern die Scherben der sog. älteren, gelbtonigen Drehscheibenware aus dem nördlichen Oberrhein- oder dem Mittelneckargebiet. Da aber die frühesten, für das 8. Jh. bezeichnenden Randformen, nämlich waagrecht umgelegte, spitz zulaufende Bildungen (vgl. Abb. 37,1) ebenso selten sind wie Rollstempeldekor (1 Scherbe), kann die Gründung der Siedlung an der Jagst kaum sehr weit vor 800 oder gar dem beginnenden 9. Jh. erfolgt sein. Daß solche Keramik der frühen Karolingerzeit jedoch in größerem Umfang nach Württembergisch Franken gelangte, erweisen die Funde aus der nicht weit entfernten Wüstung Wülfingen (heute Stadtgebiet von Forchtenberg) am Kocher.

Zahlreich sind in Unterregenbach die vom früheren 9. Jh. an faßbaren dreieckig verdickten Schrägränder, die oft eine Innenkehle aufweisen (Abb. 37,5–10). Nur selten sind sie mit wellig profilierten Oberflächen kombiniert (Abb. 37,2–4 [?]), einer Spätform der scharfgratigen Riefung, die bei der älteren Keramik auftritt.

Die Funde sagen durch ihre Zahl nicht nur etwas über die Chronologie des Fundortes aus, sondern auch über die Intensität seiner Beziehungen nach Westen oder Südwesten, den Entstehungsgebieten dieser Warenart. In der Spanne vom 9. bis beginnenden 11. Jh. recht lebhaft, schwächen sie sich seit etwa dem mittleren 11. Jh. merklich ab, nur ganz wenige Stücke aus der jüngsten Produktionsphase sind in Unterregenbach noch vorhanden (Abb. 37,11). Die ältere, gelbtonige Drehscheibenware reflektiert deutlich die sich im Verlaufe des hohen Mittelalters ändernde Ausrichtung des Ortes mehr zum mainnahen, unterfränkischen Raum hin.

Sie hebt sich sowohl optisch wie durch ihren harten Brand klar von der vorwiegend dunklen, mäßig gebrannten einheimischen Keramik der Karolingerzeit im Kocher-Jagst-Raum ab. Der Formenschatz – ausschließlich Töpfe (und wenige Kannen [?]) – ist eingeschränkter als bei diesen fränkischen Erzeugnissen. Trotz der erwähnten qualitativen wie optischen Unterschiede wäre es sicherlich falsch, die ältere, gelbtonige Drehscheibenware als speziell importiertes ‚besseres' Tischgeschirr anzusehen. Wahrscheinlich handelt es sich hier um Behälter für vergängliche Inhalte, die man im entfernten Unterregenbach benötigte.

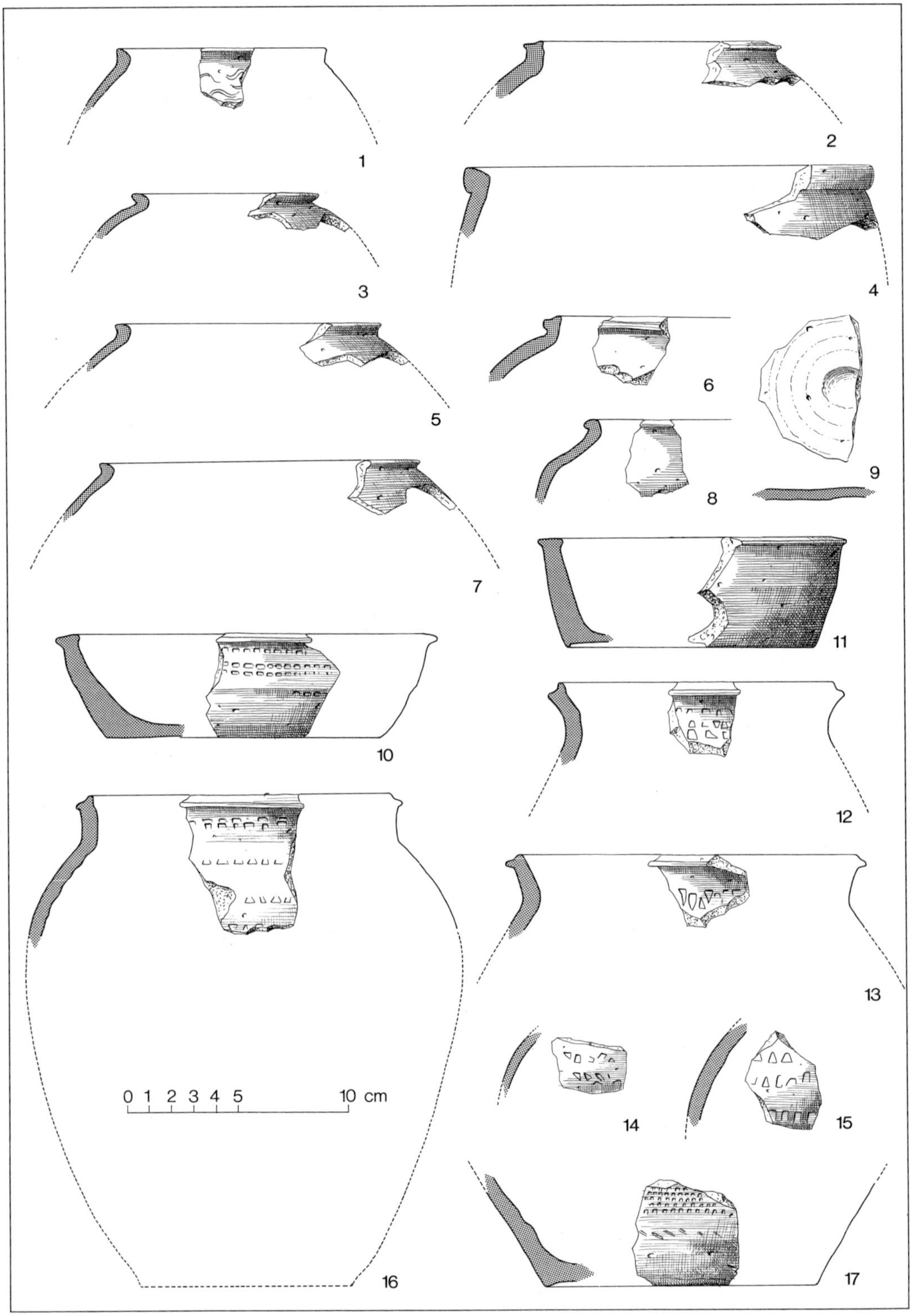
1
2
3
4
5
6
7
8
9
10
11
12
13
14
15
16
17
0 1 2 3 4 5 10 cm

◀ *Abb. 38 Frühe ‚nachgedrehte' Ware, M 1:3.*

Die älteste einheimische Keramik karolingischer Zeit fällt teils durch grobe Machart, teils durch den Dekor ins Auge. Dieser besteht in wenigen Fällen aus Wellenbändern (Abb. 38,1) meist jedoch aus großteiligen Rädchenverzierungen (Abb. 38,12–16). Bei dieser frühen, oftmals nur im Oberteil einigermaßen sorgsam ‚nachgedrehten' Keramik kann auch insofern differenziert werden, als die groben, sehr schlecht gearbeiteten Töpfe überwiegend halslose, knollige oder – seltener – kantige Randabschlüsse und dekorlose Oberflächen besitzen (Abb. 38,2–8), die etwas sorgfältiger getöpferten und ornamentierten langgezogene, z. T. profilierte Schrägränder (Abb. 38,12.13.16). Die Verzierungen scheinen eine Entwicklung zu durchlaufen, wobei jene der älteren Gefäße gröber keilförmig (Abb. 38,12–16), die der jüngeren kleinteilig-rechteckig ausfielen (Abb. 38,10.17). Wie das Unterteil auf Abb. 38,17 zeigt, kann die Rädchenzier flächig über das gesamte Gefäß bis knapp über den Boden geführt sein.

Wenn auch Töpfe verschiedener Größe überwiegen, fallen doch konische Schalen und Schälchen (Abb. 38,10.11), weitaus seltener als die Töpfe ornamentiert, mengenmäßig nicht unerheblich ins Gewicht. Daneben begegnen vereinzelte Flüssigkeitsbehälter mit massiven, ösenartig engen Henkeln.

Die ‚nachgedrehte' Keramik mit Rollrädchenmustern ist nach Aussage weiterer Funde in Osterburken, Ingelfingen, Niedernhall und Wülfingen die regionaltypische Keramik des späteren Frühmittelalters im westlichen Teil Frankens. Dagegen verstärken weit entfernte Parallelen an oberfränkischen Plätzen für die grobe, vorwiegend unverzierte Keramik (Abb. 38,1–8) den Eindruck der Fremdartigkeit. Wellenbanddekor, in besonderem Maße aber die in Württembergisch Franken ganz unüblichen kreisförmigen Abdrücke auf den Bodenaußenseiten (Abb. 38,9) lassen an slawische Keramik denken, für die solche Abdrücke vom Achskopf der Drehscheibe im Frühmittelalter charakteristisch sind.

Handelt es sich wirklich um Funde slawischen Ursprungs, kommt als Erklärungsmöglichkeit eine Verbringung im Zusammenhang mit dem Behälterinhalt – wie schon für die ältere, gelbtonige Drehscheibenware vermutet – in Frage. Es muß allerdings auch in Betracht gezogen werden, daß bei der Gründung des Ortes Slawen beteiligt gewesen sein könnten. Im Rahmen der großen geistlichen und weltlichen Grundherrschaften des frühen Mittelalters waren gezielte Um- und Neuansetzungen von Siedlern in fremden Regionen nichts Ungewöhnliches. Grundherren wie etwa jener Graf Kunibert, der im späten 8. Jh. seinen Besitz im nicht weit entfernten Wülfingen am Kocher dem Kloster Fulda schenkte, besaßen weitere Güter am Rhein bei Mainz, am mittleren Neckar und in Oberfranken. Da dort in karolingischer Zeit Slawen zweifelsfrei bezeugt sind, konnte er sicherlich auch über nicht deutsche Hintersassen und Abhängige verfügen – was durchaus für die uns leider nicht näher bekannten Gründer der Unterregenbacher Ansiedlung zutreffen könnte. Die Errichtung steinerner Profan- wie Sakralbauten in der Zeit um 800 weist sie jedenfalls als Angehörige der Oberschicht aus. Eine gezielte Umsetzung oberfränkischer Slawen in bis dahin unkultivierte Gegenden durch das Ansbacher St. Gumbertskloster kann nach einer Urkunde von 911 auch für den nahe benachbarten Rothenburger Raum vermutet werden!

Einen Hinweis auf ein weiteres selbständiges Vordringen slawischer Siedler südlich des Mains in Unter- und Mittelfranken als man es bisher angenommen hatte, glaubt man seit kurzem in der Wiederbelegung vorgeschichtlicher Höhenbefestigungen während des 7. Jh. fassen zu können. Möglicherweise waren in der Entstehungsphase Unterregenbachs im späten 8./frühen 9. Jh. Slawen auch außerhalb Oberfrankens weiter südlich, näher zum Kocher-Jagst-Gebiet hin, ansässig.

Die Beschränkung der hier als wahrscheinlich slawisch bezeichneten Funde auf die ältesten Schichten deutet auf eine schnelle Assimilierung ihrer Träger im neuen fränkisch-deutschen Umfeld.

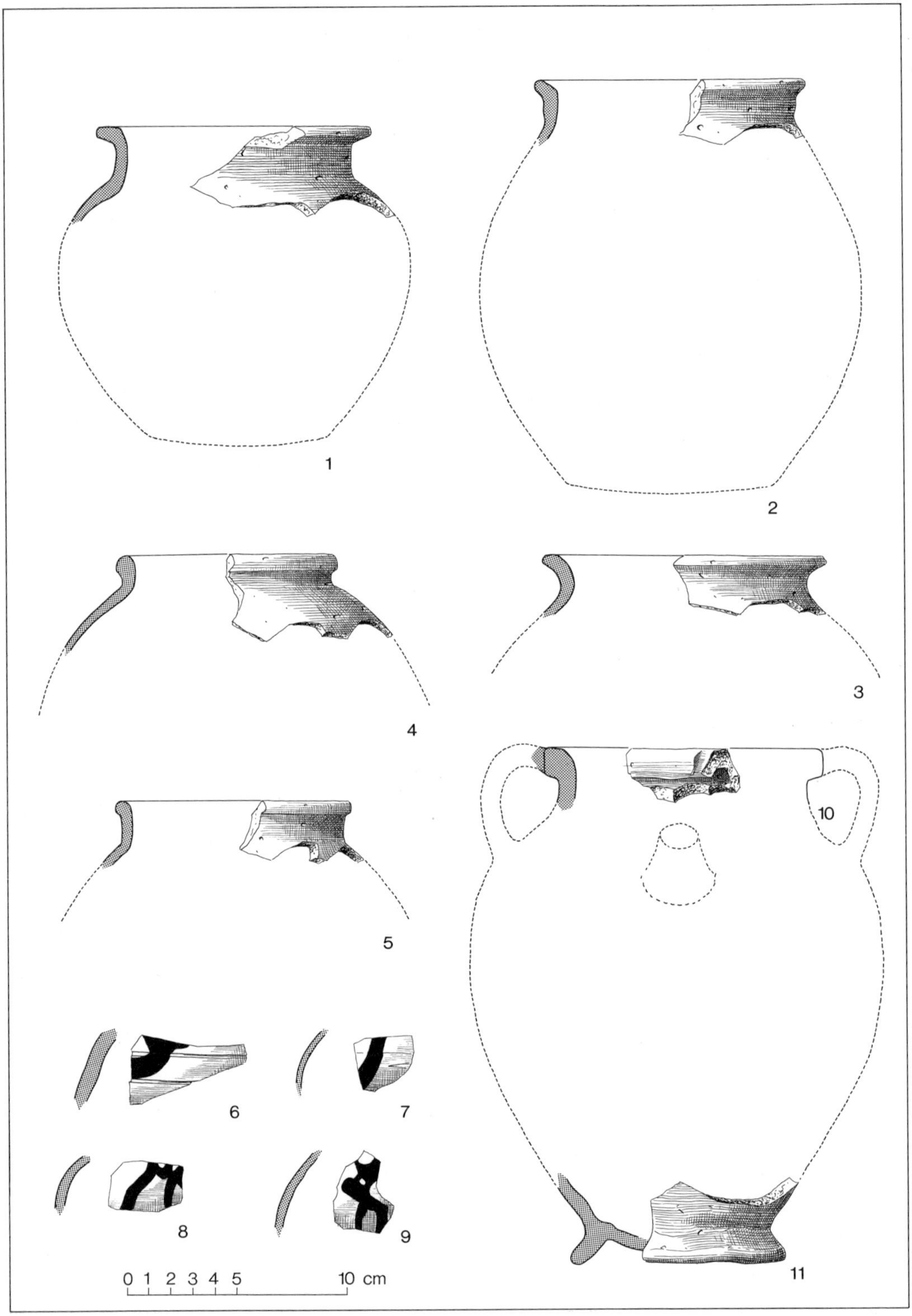
1
2
3
4
5
6
7
8
9
10
11
0 1 2 3 4 5 10 cm

◀ Abb. 39 Glimmerware, M. 1:3.

Zu den kleinsten Gruppen fremder Keramik im Unterregenbach des frühen und hohen Mittelalters zählt die rauhe, überwiegend weißlich-graue Glimmerware aus dem nordwestlichen Vorspessartraum. Sie erhielt ihren Namen von den hohen Anteilen meist gröberer Goldglimmerpartikel im Ton.

Die im allgemeinen wegen ihrer einfachen Randformen schwer datierbare Ware (Produktionszeit 8./9.–14. Jh.) tritt hier, nach der Fundlage zu urteilen, wohl erst nach der Jahrtausendwende auf.

Außer am Goldglimmer als hervorstechendstem Charakteristikum kann man sie in Württembergisch Franken an der Eigenheit der linsenartig nach außen gewölbten Böden erkennen, die der an Kocher und Jagst beheimateten Keramik absolut fremd sind. Im Herstellungsgebiet am Unterlauf des Mains ist diese Art der Bodenbildung allerdings seit karolingisch-ottonischer Zeit durchaus geläufig und hält sich bei vielen Warenarten bis ins Spätmittelalter.

Zur Glimmerware gehören in Unterregenbach neben kugeligen Töpfen (Abb. 39,1.2) gleichgeformte Kannen, die in der Art aller früh- und hochmittelalterlichen Drehscheibenwaren randständige, bandartig flache Henkel besitzen.

Das Vorkommen dieser untermainischen Keramik an der Jagst markiert die Südostgrenze der bisher bekannten Verbreitung. Die Zeit ihres Erscheinens in Unterregenbach (wohl nach 1000) könnte in Zusammenhang mit der Schenkung des Ortes durch Kaiserin Gisela an das Bistum Würzburg im Jahre 1033 stehen und eine stärkere Hinwendung zu den nördlicher gelegenen Mainlanden andeuten. Gleichzeitig reißen, wie das Fehlen der älteren, gelbtonigen Drehscheibenware zeigt, die süd- oder westwärts gerichteten Verbindungen ab.

Da sie im reichhaltigen Fundbestand des um 1250 abgebrannten Steinhauses auf Parzelle 91/4 nicht vertreten ist, kam Glimmerware wohl seit dem früheren 13. Jh. nicht mehr nach Unterregenbach.

(Imitierte) Pingsdorf-Ware

Mit dieser rotbemalten Keramik des 10.–12. Jh. fassen wir die bedeutendste Gruppierung hochmittelalterlicher Fremdkeramik am Ort. Da jedoch nur ein geringer Bruchteil der Funde aufgrund der Scherbenbeschaffenheit als echte Erzeugnisse aus den namengebenden niederrheinischen Werkstätten des Köln-Bonner Raumes gelten kann, seien die übrigen als nachgeahmte Pingsdorf-Ware angesprochen.

Der Hauptteil dieser Imitationen dürfte aufgrund des vielen feinen Goldglimmers aus einer Töpferei im südhessischen Seligenstadt am Main stammen.

Hauptformen dieses bemalten Geschirrs sind Amphoren mit angekneteten Standringen (Abb. 39,4.10.11) und kleine Kugeltöpfchen (= Trinkbecher; Abb. 39,7–9), doch gab es in geringerer Zahl auch hohe, schlanke Zylinderhalsbecher (Abb. 39,5).

Da bei den Erzeugnissen Pingsdorfer Art als einzigen der früh- und hochmittelalterlichen Waren in Unterregenbach Flüssigkeitsbehälter (Kannen, Kugeltöpfchen und Zylinderhalsbecher) dominieren, wird man sie als spezielles Tafelgeschirr ansehen können. Als nicht unbeträchtlicher Bestandteil des Gesamtfundaufkommens signalisieren sie die Anwesenheit von Personen gehobenen Lebensniveaus. Im Fehlen gleichwertiger Nachfolgekeramik des späten Mittelalters drückt sich der Bedeutungsrückgang des Ortes im Verlaufe des 13. Jh. deutlich aus.

‚Herrensitz' – Frankenbauerhof

Der als ‚Herrensitz' gedeutete Wirtschaftshof östlich der Kirchen nahm in der historischen Topographie von Unterregenbach zweifellos eine zentrale Stellung ein. Dies bezeugen nicht nur Funde, die sich gegenüber angrenzenden Siedlungsbereichen hervorheben, sondern besonders auch nachgewiesene Steinbauten, die eine bevorzugte Bau- und Wohnqualität zum Ausdruck bringen.

Zunächst bestanden an dieser Stelle jedoch nur Pfostenbauten, deren Gruben auch un-

Abb. 40 Arbeitsaufnahme aus der Frühzeit der Mittelalterarchäologie in Baden-Württemberg, Grabung Frankenbauer 1961.

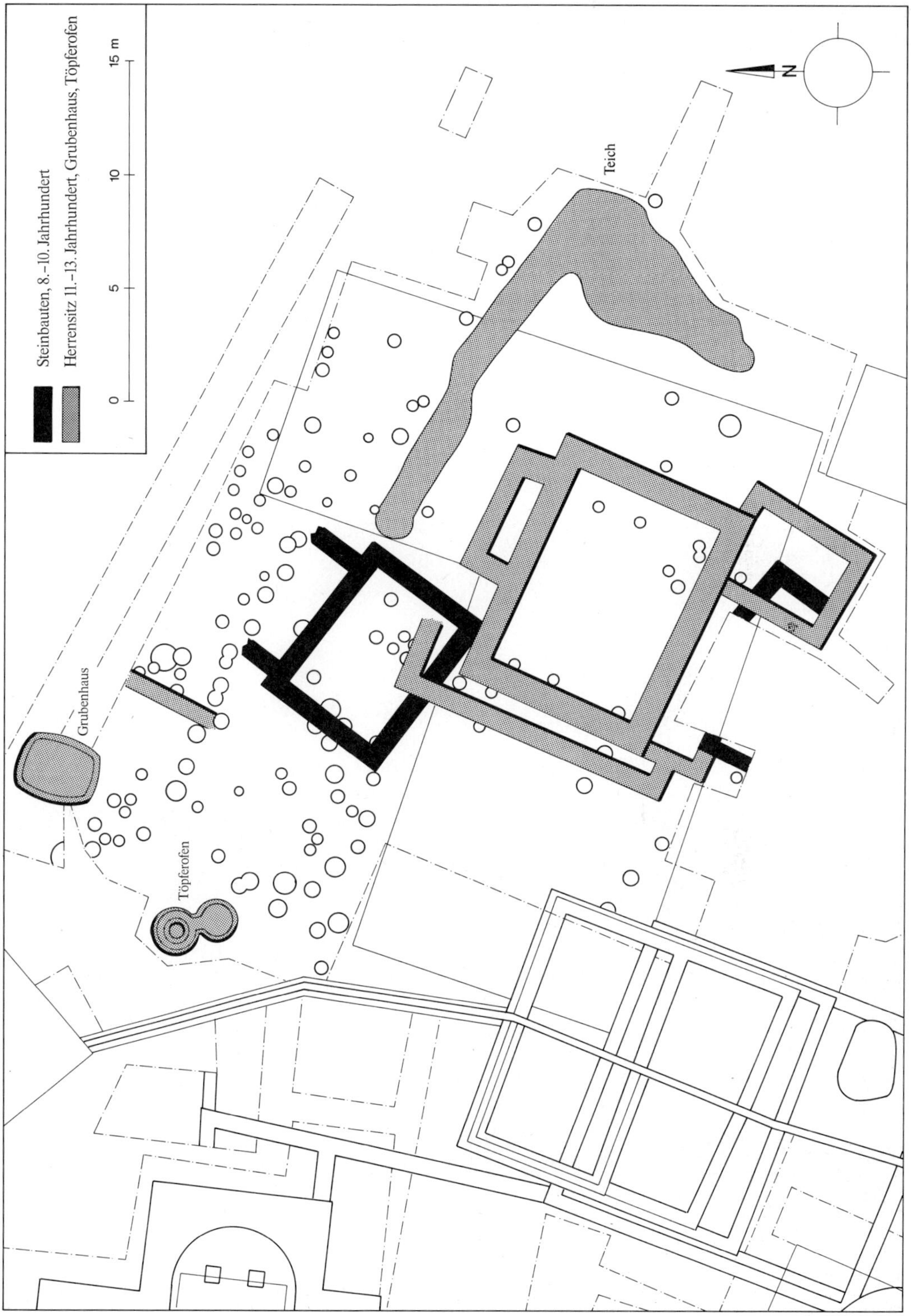

Abb. 41 Gesamtplan der Befunde im Bereich ‚Herrensitz' Frankenbauer.

ter dem Fundament eines der ältesten Steinbauten angetroffen wurden. Keramikfunde belegen eine erste Besiedlung im 8. Jahrhundert. Aus der großen Zahl von Pfostengruben können Hausgrundrisse nicht erschlossen werden. Einige Feuerstellen mit einliegender Metallschlacke deuten auf handwerkliche Tätigkeit hin, andere könnten Hinweis geben, daß die ebenerdigen Pfostenbauten Wohnzwecken dienten. Wie für viele Siedlungsbereiche belegt, weist auch hier eine Grube mit eingelagerten Webgewichten auf die Verarbeitung von Gespinsten hin. Ein Töpferofen aus der Zeit nach 1200 bestätigt, daß am Ort auch keramische Ware produziert worden ist.

Während erste Steinbauten nur zum Teil erfaßt werden konnten, weil sie einerseits durch einen neuzeitlichen Keller zerstört worden, andererseits im heutigen Hofraum nicht weiterzuverfolgen waren, kam im Nordbereich der Grabung ein Steingebäude von 7 × 5 m lichter Abmessung zutage. Eine Feuerstelle im Inneren deutet auf einen Wohnbau. Etwa gegen Nordosten schließen zwei um Mauerstärke eingezogene Steinwangen an. In ihrem stark reduzierten Zustand lassen sie jedoch keine Deutung zu. Der Bau überlagert ältere Pfostengruben. Mit Sicherheit entstand er vor dem 11. Jahrhundert.

Im Verlaufe des 11. Jahrhunderts oder später entstand über älteren Mauern ein zweiter Steinbau, der im Lichten 9,5 × 7 m maß. Mit etwa 1 m Mauerstärke im Aufgehenden wird man ihn als mehrgeschossiges Bauwerk, als Steinhaus, deuten können.

Abb. 42 Mauerbefunde im Bereich des ‚Herrensitzes' Frankenbauer. Süd-Ost-Bereich des jüngeren Wohnturms mit Anbau und Mauerbefunde der älteren Bebauung.

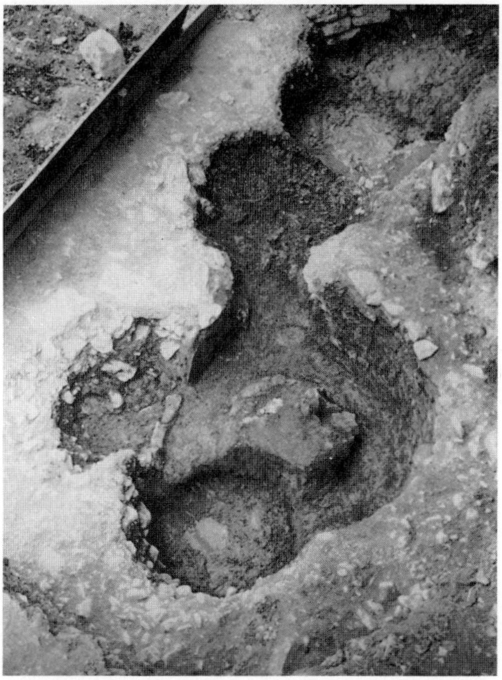

Abb. 43 Töpferofen des 13. Jahrhunderts im Bereich Frankenbauer.

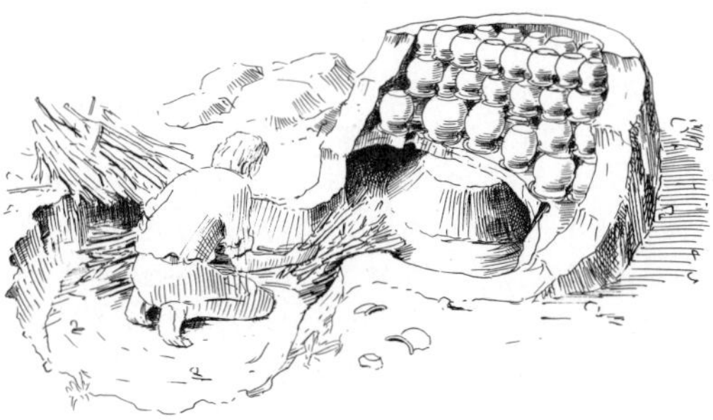

Abb. 44 Anschauungsskizze zum Ofenbefund.

Aus seinem Obergeschoß dürfte der Kämpfer einer Fensterarkade stammen, den man sich über einem Würfelkapitell sitzend vorstellen muß.

In dem noch recht hoch anstehenden Mauerwerk ließen sich keine Ansätze einer Tür finden. Wahrscheinlich ist ein gegen Norden angebauter querrechteckiger Vorbau als Zugang in ein höher liegendes Geschoß zu deuten. Spätere Anbauten unbekannter Zweckbestimmung lagen im Westen und Süden.

Nach einem völligen Ausbrennen des Wohnturmes, wohl noch im 12. Jahrhundert[42], erfolgte ein zügiger Wiederausbau, denn unmittelbar auf dem Brandschutt lag der neue Bauhorizont. Im 13. Jahrhundert, nach Auskunft der Keramikfunde um 1240[43], muß neben anderen Unterregenbacher Bauten auch der Turm abgebrochen worden sein.

Dem ‚Herrensitz' war offenbar ein Wirtschaftsbereich zugeordnet, in dem auch Keramik, wie ein aufgefundener Töpferofen belegt, und Gewebe hergestellt wurden. Das Handwerk eines Töpfers scheint nach K. Böhner[44] im hohen und späten Mittelalter unter Aufsicht eines Grundherren ausgeübt worden zu sein. Die Beobachtung, daß Töpferöfen sich während dieses Zeitraumes in Burg- und Herrensitzbereichen fanden, bewahrheitet sich auch für Unterregenbach.

Daß man sich während der langen Fastenzeit nicht auf den Fang von Wildfischen verlassen durfte, zeigt sich in Anlagen, die der Vorratshaltung dienten, wie etwa das heute noch erhaltene Fischhaus mit Teichen der Hohenloher Herrschaft in Bäch-

---

42 FEHRING, Unterregenbach (s. Anm. 9) 130, datiert die Brandzerstörung und den unmittelbar anschließenden Wiederaufbau in die erste Hälfte des 11. Jahrhunderts.

43 U. GROSS, der gegenwärtig im Rahmen eines von der Deutschen Forschungsgemeinschaft unterstützten Forschungsprojekts zur mittelalterlichen Keramik Württembergisch Frankens die Keramik der Grabungen in Unterregenbach einer neuen Sichtung und systematischen Bearbeitung anhand der stratigraphischen Befunde unterzieht, vertritt die Auffassung, daß der Brand im Bereich Frankenbauer deutlich vor der Brandzerstörung des Steinhauses auf Parzelle 91/4, vor der Mitte des 13. Jahrhunderts, erfolgt sein muß.

44 K. BÖHNER, Frühmittelalterliche Töpferöfen in Walberberg und Pingsdorf. Bonner Jahrb. 155/156, 1955/56, 372ff.

lingen. In Unterregenbach grub man in den hochwasserfreien Rand der Talaue einen Fischteich, dessen Frischwasser aus einer heute noch fließenden Quelle kam. Die 11 × 4,80 m messende Anlage war über einer flachen Sohle etwa 1,50 m tief. Der Teich lief gegen Süden zungenförmig aus und wies in diesem Bereich eine flachere Böschung auf. Offenbar ermöglichte die ausflachende Wasserzone hier ein besseres Abfangen der Fische mit Hilfe eines Keschers. Aufgrund der Funde aus seiner Verfüllung dürfte der Teich im Verlaufe des 14. Jahrhunderts außer Funktion gekommen sein.

In Zusammenhang mit einem wohl verheerenden Brand im Bereich Frankenbauer, dem auch der zweite Wohnturm zum Opfer fiel, steht dessen Auflassung und Abbruch. Damit hatte der ‚Herrensitz' aufgehört zu existieren. Schon G. P. Fehring vermutete, was P. Hilsch laut einer Urkunde von 1226 bestätigt sieht, daß nämlich der Regenbacher Ortsadel nunmehr auf einem Bergsporn etwa 3 km südöstlich von Unterregenbach eine Burg gründet.[45] Damit tritt das Geschlecht derer von Langenberg, 1201 erstmals genannt, in die Geschichte ein. 1226 werden bereits „castrum et oppidum" erwähnt, wobei man sich allerdings Burg, wie auch Stadt, noch im Ausbau befindlich wird vorstellen müssen. Der Wirtschaftshof in Unterregenbach wurde forthin als Hoflehen vergeben. Jedenfalls wird im Jahre 1297 Konrad Reiz als Lehensmann des Kraft von Hohenlohe – 1234 lösten die Herren von Hohenlohe das Geschlecht der Langenberger ab – und Burg-

Abb. 45 Spielstein, Mann mit Blashorn, aus dem Bereich des Wohnturms, wohl 12. Jahrhundert. Dm. 3,2 cm.

mann zu Langenburg auf der „curia" in Unterregenbach bezeugt.

Die Lehensnehmer dürften als Ministeriale dem niederen Adel zugerechnet werden. Auffallend ist, daß, wie oben erwähnt, anscheinend während des 14. Jahrhunderts im Hofraum ein Steinbau entsteht, den man als stattlich wird bezeichnen müssen. Für eine Sonderstellung des Hofes spricht nicht zuletzt auch die anachronistische Entwicklung der bäuerlichen Siedlung Unterregenbach: alle Gültbücher vom späten Mittelalter an weisen nur diesem Hof ein volles Bauernrecht zu. So steht hier – beispielsweise im 16. Jahrhundert – ein Bauer 25 Köblern (schwäbisch: Seldner) gegenüber. Ein für die damalige Zeit ortsübliches Verhältnis zeigt Oberregenbach, wo auf 6 Bauern 18 Köbler kommen, entsprechend also einem gängigen Verhältnis von 1:3. Damit wird auch aus dem archivalischen Befund deutlich, daß die Entwicklung der Orts- und Sozialstruktur von Unterregenbach einen besonderen Weg nahm.

45 Hilsch, Schenkung (s. Anm. 3) 52ff.

Abb. 46.47 (Seite 60.61) Keramik des 13. Jh., M. 1:3. ▶

Die lokale Gebrauchskeramik des beginnenden Spätmittelalters kann anhand von Beispielen aus einem Töpferofen im Bereich zwischen der Großen Basilika und dem steinernen Wohnturm auf dem Frankenbauer-Areal dargestellt werden.
Wie in den Siedlungsschichten dieser Zeit herrschen bei den Funden aus den verschiedenen Töpferofen-Produktionsphasen einfache Töpfe vor. Typisch für die dunkel (grau bis schwarz) gebrannten ‚nachgedrehten' Exemplare der ersten Hälfte des 13. Jh. sind Leistenränder in unterschiedlichen Varianten (ein- oder beidseitig gekehlt, unterschnitten, profiliert etc.) (Abb. 46,1.13). In einer jüngeren Phase nach Mitte des 13. Jh. kommen dann bei der nun gefertigten jüngeren Drehscheibenware längere, schlankere Ränder (sog. Karniese, Abb. 46,14–24) am häufigsten vor.
Da es sich in der Masse um einfache Töpfe zu Koch- und Vorratszwecken handelt, bleiben Verzierungen ausgesprochen rar. Will man die im Laufe der Zeit verstärkt anzutreffende Riefung (Abb. 46, 12.20) hier nicht rechnen, bleibt lediglich eine kleine Anzahl rollstempelornamentierter Scherben (Abb. 46,25.26) übrig.
Weniger Zier als praktisches Erfordernis (Markierungen als Zählhilfen) hat man in den plastischen Bodenzeichen (Abb. 46,27–32) zu sehen. Im Töpferofen wie in den Unterregenbacher Siedlungsschichten dominieren schlichte Kreuze, seltener Sterne, in einfachen oder doppelten Kreisfassungen. Ungerahmte Zeichen wie das Kreuz mit gegabelten Balkenenden (Abb. 46,32) gehören zu den Ausnahmen.
Der Formenschatz des Töpferofens dokumentiert das gegenüber der Zeit vor 1200 merklich vergrößerte Typenspektrum. Verschiedene Deckel, Bügelkannen, große Schüsseln, Feldflaschen, Leuchten und Ofenkeramik werden nun zumeist erstmals faßbar. Deckel mit schälchenförmigem Griffteil (Abb. 47,1) repräsentieren die in Württembergisch Franken häufigste Form des Verschlusses. Von westlichen Deckeln des Oberrheinraumes beeinflußt sind Exemplare mit zusätzlichem Seitenhenkel (Abb. 47,2). Gegenüber den schon seit dem 12. Jh. vorhandenen Bügelkannen haben die Stücke aus dem Töpferofen eine gestrecktere Gesamtform (Abb. 47,4) und breitere, aber flachere Traghenkel, oft mit gekehlter Oberseite (Abb. 47,5.6). Große Schüsseln kommen erstmals überhaupt vor, die ‚Riesenform' mit einem oder zwei massiven Stielgriffen (Abb. 47,7) muß allerdings als singuläre Bildung angesehen werden. Beachtliche Wandlungen in der häuslichen Lebensqualität, nämlich die Einführung der rauchfreien Stube, kündigen die becherförmigen Ofenkacheln an (Abb. 47.3), die man in älteren Zusammenhängen des 11. und 12. Jh. vergeblich sucht.

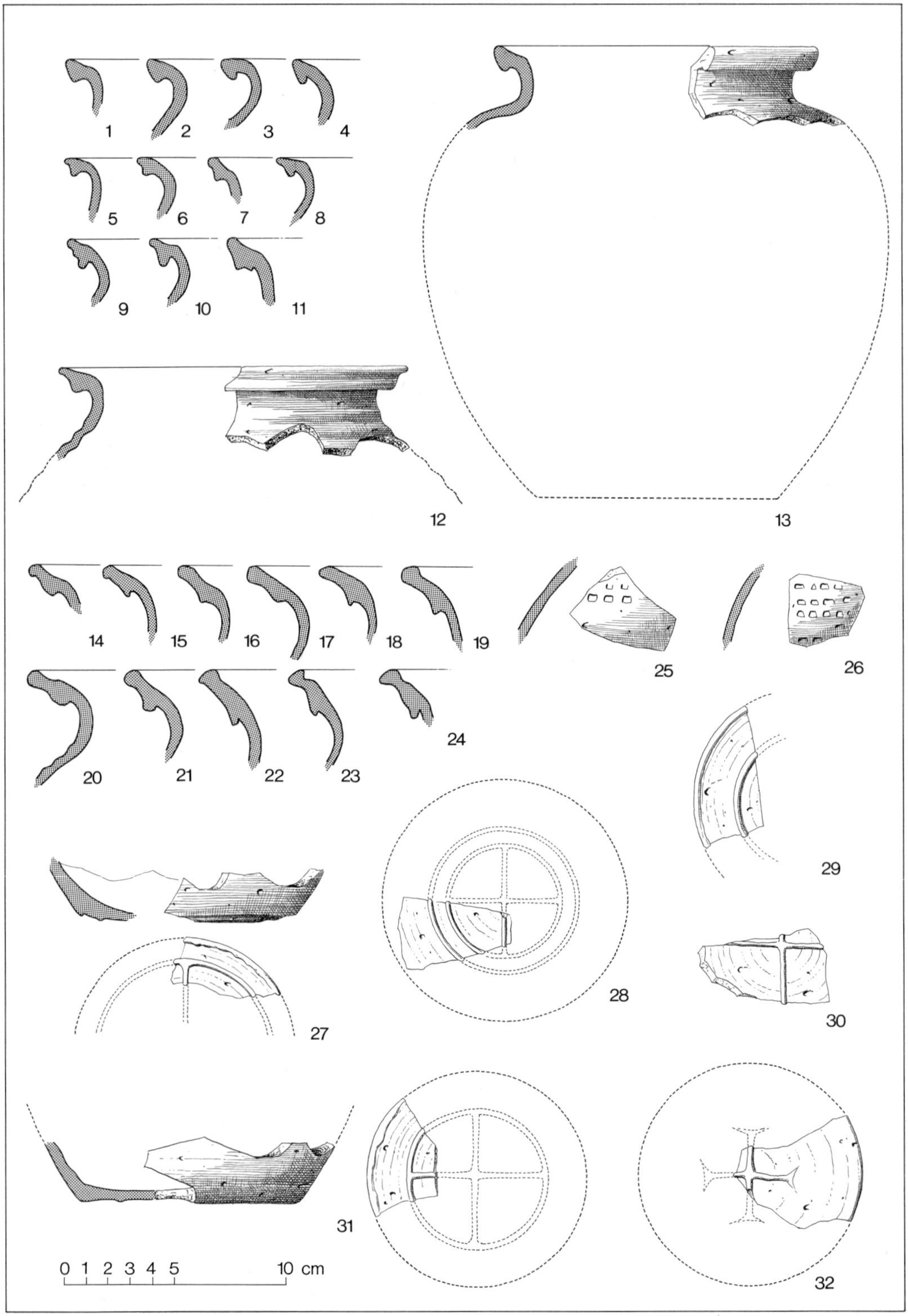
1
2
3
4
5
6
7
8
9
10
11
12
13
14
15
16
17
18
19
25
26
20
21
22
23
24
29
28
27
30
31
32
0 1 2 3 4 5 10 cm

Abb. 46

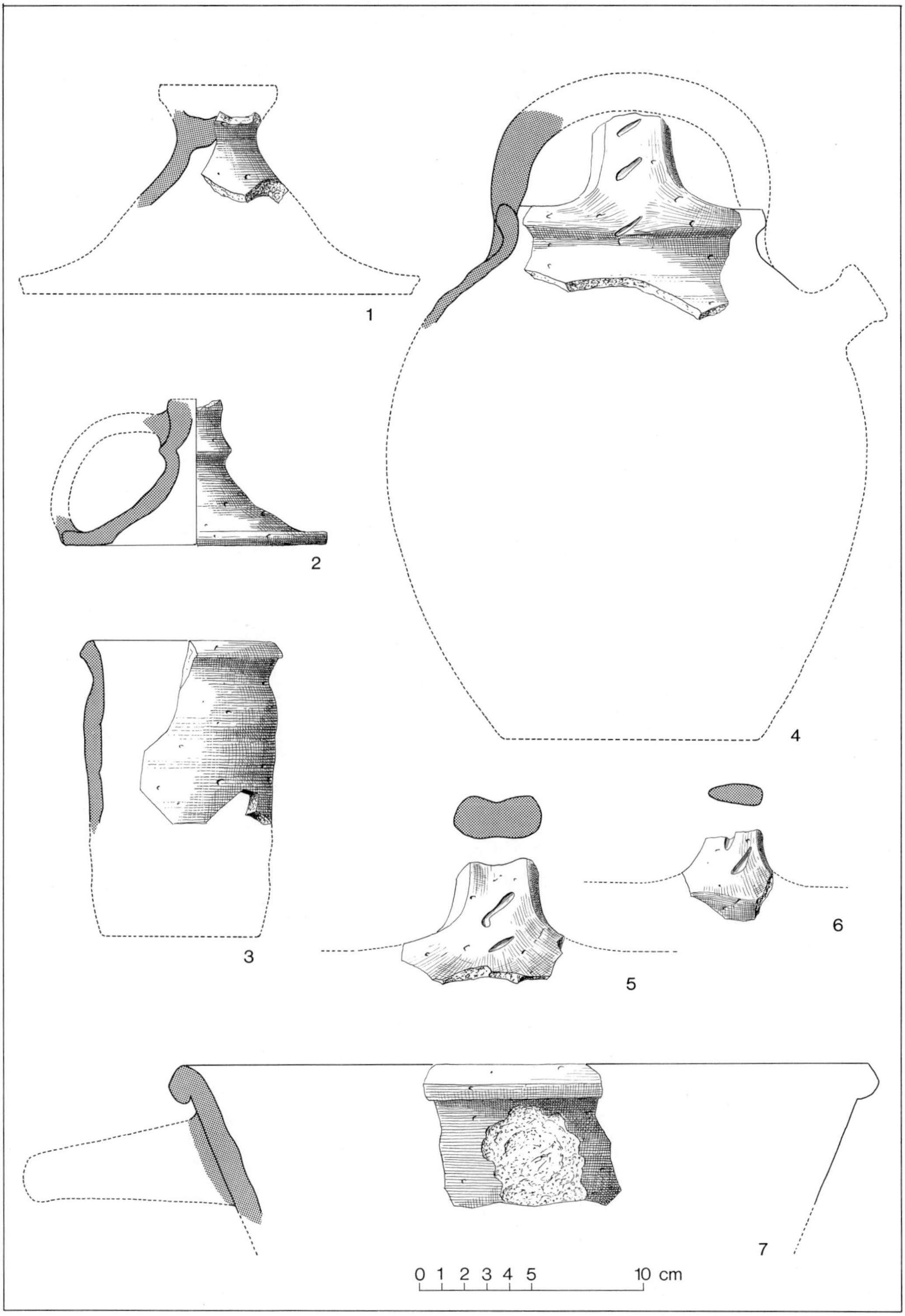

Abb. 47

Parzelle 91/1 – Alter Pfarrhof

Die Hausdächer des Ortes weit überragend, liegt im Nordwesten ein windschützender Steilhang. Sein Kern besteht aus Wellenkalk, auf dessen Oberfläche ein stark schüttender Quellhorizont die Siedlung zu allen Zeiten mit Frischwasser versorgte. So wurden bei den Ausgrabungen Wasseradern angeschnitten, die einst eine Viehtränke im Bereich der Hofwiese speisten oder auch den Fischteich des Wirtschaftshofes Frankenbauer mit Frischwasser versorgten. Noch heute beziehen zwei Ortsbrunnen – auch bei langen Trockenzeiten – ihr Wasser aus jenem Quellbereich.

Eine ausgeprägte Torfmudde unterhalb der Quelle macht deutlich, daß sich ursprünglich hier ein stehendes Gewässer befand. Bereits im 11. Jahrhundert dürfte es infolge starker Hangerosion verlandet sein, denn aus dieser Zeit stammen erste Siedlungsspuren. Durch größere Erdschübe, die sich in kürzeren Zeitabständen aus dem Hang gelöst haben müssen, wuchs das Siedlungsniveau bis in die Neuzeit an.

Als ältesten Befund erbrachte dieser Grabungsbereich, neben einigen Pfostengruben, einen gegen Süden langgestreckten, schmalen Bau mit einer Breite von 2,40 m. Das nördliche Kopfende der Steinkonstruktion, die wahrscheinlich einen hölzernen Überbau trug, bildet gleichsam einen Eckrisaliten, der einen kleinen, in sich geschlossenen Raum beinhaltet. Bisher konnten insgesamt 21 m Länge erfaßt werden, mit einer schräg gegen Südwesten abzweigenden Mauer im Südbereich. Auffallend ist die etwa rechtwinklige Bezugnahme der Gebäudeflucht auf die Große Basilika, die möglicherweise nicht zufällig ist, wenn auch alle bisherigen Schnitte östlich der Kirche einen direkten Zusammenhang mit ihr nicht belegen konnten. Zur Deutung dieses schmalen Gebäudes gibt es bisher keinen Anhaltspunkt.

Durch Hangerosion angeschüttet, doch immer wieder erneuert, ließen sich Pfostenbauten der Folgezeit belegen. Sie schlossen hauptsächlich gegen Nordosten an. Erhaltene Pfostenreste deuten aufgrund ihrer dendrochronologischen Daten auf eine kontinuierliche Besiedlung während des 12. und 13. Jahrhunderts.

Recht modern mutet ein Gebäude mit einer Hauswasserversorgung an. Es überschneidet sowohl den ersten Steinbau als auch älteste Pfostengruben. Über einem Steingeschoß und einem gebühnten Keller erhob sich wahrscheinlich ein Fachwerkaufsatz. Sinnvoll erscheint die im 16. Jahrhundert eingebrachte Wasserspeicherung im Keller: das eindringende Hangwasser aus dem Quellbereich leitete man über eine Steinrinne entlang der Kellermauer in einen Eichentrog. Überständiges Wasser floß durch eine Kerbe in der Trogwand nach außen ab. Hier allerdings fing man es in einem weiteren Trog auf, der draußen sicher als Kleinviehtränke fungierte.

Schon die Aufmessung des außen befindlichen Troges ließ erkennen, daß sich seine

Abb. 48 Gesamtplan der Befunde im Grabungsareal Parzelle 91. ►

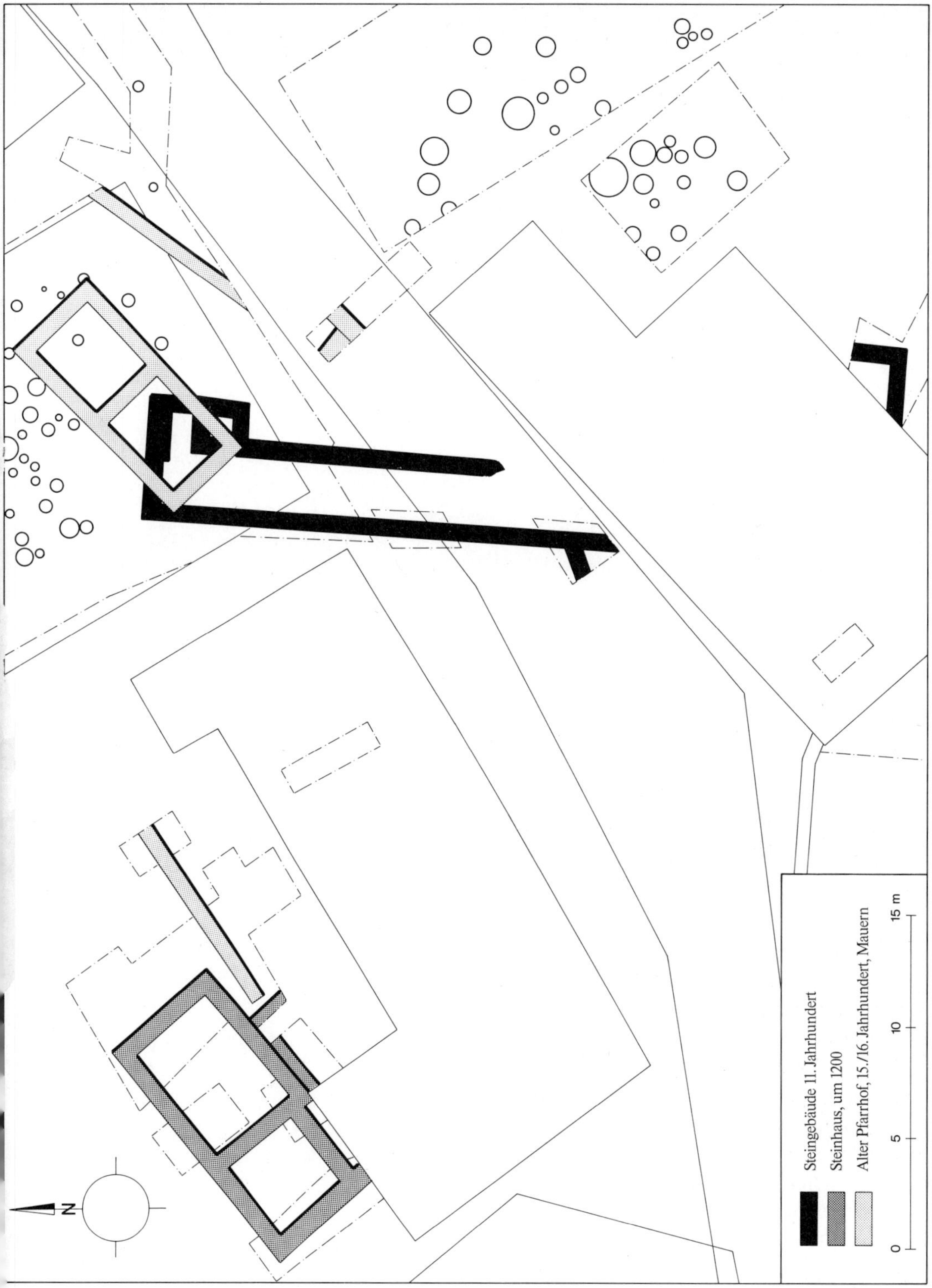
Steingebäude 11. Jahrhundert
Steinhaus, um 1200
Alter Pfarrhof, 15./16. Jahrhundert, Mauern
0
5
10
15 m
N

Abb. 49 Fund- und Befundaufnahme im alten Schulhaus während der Grabung Frankenbauer 1963. Nur die sorgfältige Dokumentation und Registrierung der Befunde und der Fundgegenstände kann die Grundlage einer wissenschaftlichen Grabungsauswertung sein.

Paßform im Steinfußboden des Kellers erhalten hatte, er also hier primär als Wasserspeicher diente. Seine dendrochronologische Bestimmung für 1520 belegt nicht nur die Bauzeit der Wasserversorgung, sie lieferte auch einen terminus ante quem für das Haus selbst, denn unter dem Steinplattenboden fand sich ein älterer Fußboden, der trockenen Fußes nur über Trittsteine zu begehen war. Man wird das Haus in das 15. Jahrhundert datieren dürfen, möglicherweise reicht die Hausstelle noch weiter zurück. Nach dendrochronologischer Datierung frühestens 1611 oder bald darauf erneuerte man den Trog, wie er sich noch in situ vorfand.

Das Gebäude, dem ein Wirtschaftsbereich zugehörte, wird während des 16./17. Jahr-

◄ *Abb. 50 Befundsituation im Alten Pfarrhof, spätes 15. oder 16. Jahrhundert.*

hunderts in verschiedenen Gültbüchern als „vom Pfarrer verliehen“ erwähnt. Die Eintragungen dürften jenen Zeitraum betreffen, als ein über der Krypta der Großen Basilika neu errichtetes Gebäude als Pfarrhaus diente.

Abb. 51.52 (Seite 66.67) Keramik des 14. und 15. Jh., M 1:3. ▶

Funde des 14. und 15. Jh. lassen die sich bei der Keramik des 13. Jh. ankündigenden Veränderungen hin zu einem umfassenderen Geschirrsatz deutlicher erkennen. Zu einer stärkeren Differenzierung bei schon vorhandenen Gefäßen, etwa Schalen und Schüsseln, kommen neue Formen: Henkelflaschen (Abb. 51,9), Kleingefäße (Abb. 51,10.11), Krüge (Abb. 51,12.13) und Becher unterschiedlichster Ausführungen (Abb. 51,1–6). In den Details ergeben sich ebenfalls Änderungen, so werden z. B. die Karniesränder der Töpfe länger und schlanker, haben oft auf der Außenseite einen Mittelgrat; die Topfformen selbst tendieren stärker zu gestreckten, schulterbetonten Formen (Abb. 52,1). Die Oberflächen sind im 14. und früheren 15. Jh. zumindest im Schulterbereich eng gerillt, danach löst sich die flächige Rillung in meist kleine Rillengruppen auf. An jüngeren Gefäßen treten oft waagrechte Wandungsleisten auf, die die Schulter-Rauch-Zone gliedern.

Die im ausgehenden Mittelalter erreichte Formenvielfalt äußert sich am deutlichsten bei den Flüssigkeitsgefäßen. Gab es im älteren mittelalterlichen Bestand bis ins 12. Jh. hinein nur Kannen mit zwei ösenartig engen, schulter- oder randständigen Henkeln, so tauchen im Verlaufe des 12. Jh. die Kannen mit bügelförmig über der Mündung angebrachtem Tragehenkel auf. Im 14. und 15. Jh. werden sie dann ergänzt bzw. ersetzt durch die neu aufkommenden Flaschen und Krüge. Besonders die letzteren sind als starkes Retardierungsindiz zu bewerten; in den westlichen, rheinnahen Regionen Südwestdeutschlands bis zum Neckar im Osten treten Krüge nämlich bereits im Laufe des 13. Jh. auf. Von den im 14. Jh. noch gängigen Bügelkannen, die nun – gleich den Töpfen – oft eng gerillte Oberflächen zeigen (Abb. 51,7.8) fertigte man auch Kleinformen. Diese Behälterchen müssen für Flüssigkeiten (Schnäpse oder Gewürzsoßen?) bestimmt gewesen sein, die man nur in geringen Mengen verwendete.

An den Bechern läßt sich besonders gut ablesen, wie die Keramik im späten Mittelalter in Bereiche vordringt, die jahrhundertelang anderen Materialien vorbehalten waren. Im gesamten Unterregenbacher Fundgut, aber auch andernorts, kann man im Früh- und Hochmittelalter lediglich Pingsdorfer Kugeltöpfchen oder Zylinderhalsgefäße als Becher ansprechen. Die übrigen Trinkgefäße waren wohl in der Masse aus Brettchen zusammengefügte Daubenbecher oder aus einem Stück gedrechselte Scheuern, Pokale u. ä.

Frühestens im 13. Jh. werden südlich des Mains aus dem Bereich des rheinischen Steinzeugs und seiner Vorformen Fußbecher übernommen, die sich dann im 14. Jh. zu Gefäßen in der Art von Abb. 51,2 weiterentwickeln. Um die Wende vom 13. zum 14. Jh. gesellen sich zu diesen einfachen Bechern dann Varianten mit mehrpaßförmigen Mündungen, die sich ganz besonders im westlichen und mittleren Franken großer Beliebtheit erfreuen.

Insgesamt läßt sich für das spätmittelalterliche Fundgut im Überblick sagen, daß nun Entsprechungen zur zuvor vorhandenen Tafelkeramik, die die lokalen Erzeugnisse optisch (bemalte Irdenware) oder materialmäßig (echtes Steinzeug und Vorstufen) überragen, nahezu fehlen. Demnach spiegelt sich hier der aus den schriftlichen Quellen bekannte Bedeutungsverlust des einstigen Zentralortes Unterregenbach im archäologischen Fundstoff wider: die Keramik, die einen gehobenen Lebensstandard, wie er in adligen oder wohlhabenden bürgerlichen Haushalten der Zeit herrschte, anzeigt, bleibt aus.

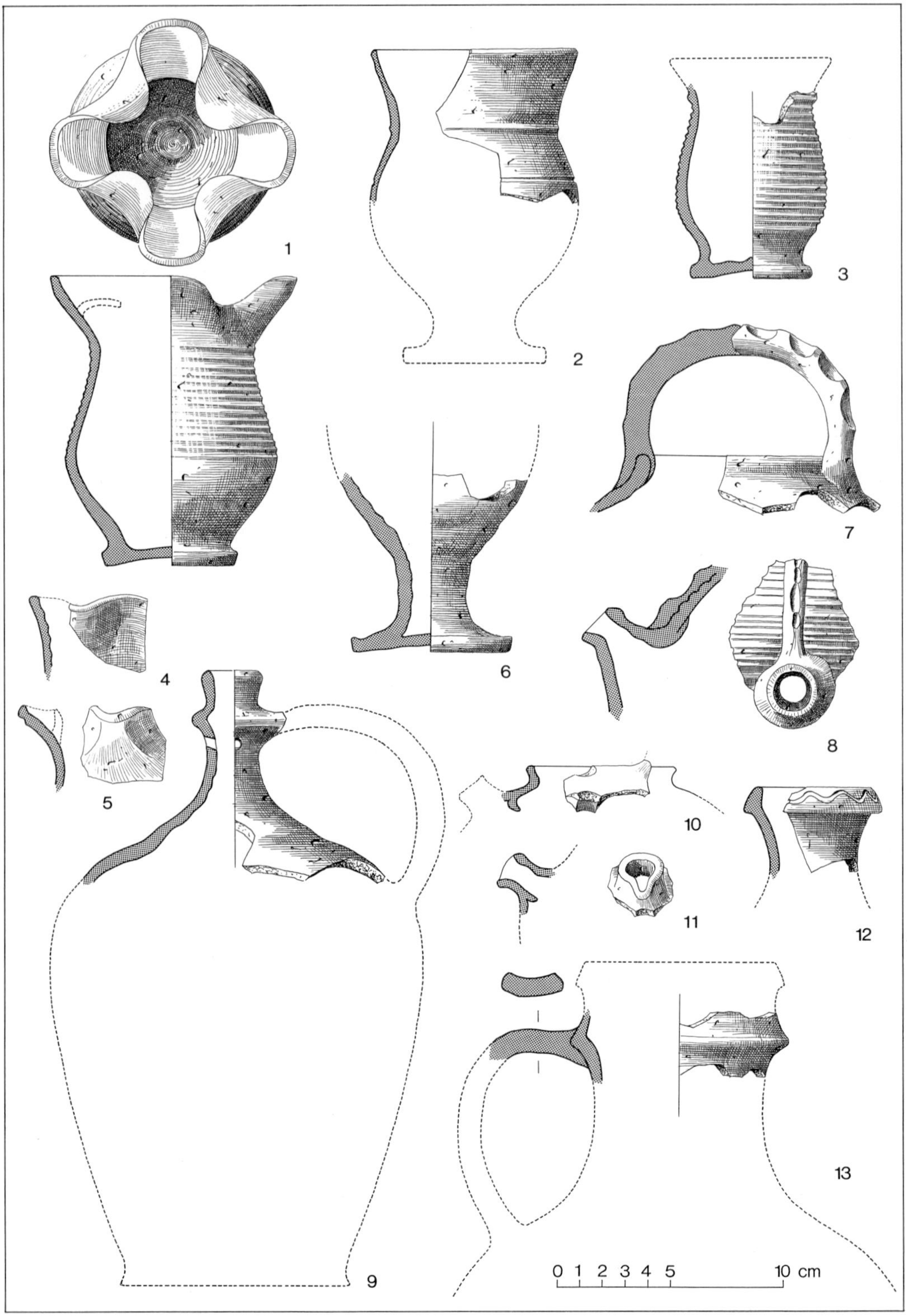

Abb. 51

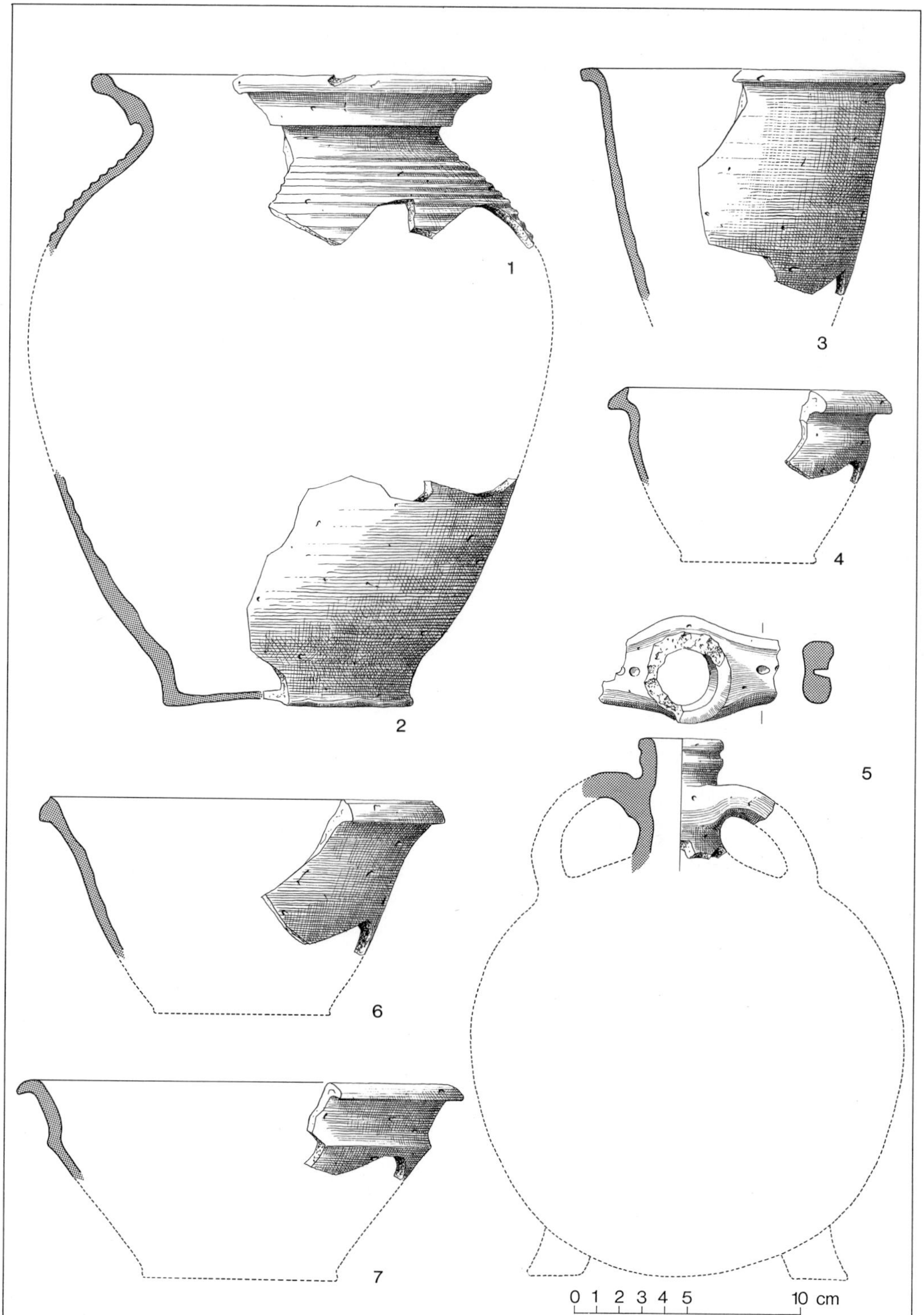

Abb. 52

Das Steinhaus auf Parzelle 91/4

Bei Terrassierungsarbeiten auf der Parzelle 91/4, etwa 50 m von den auf Parzelle 91/1 ergrabenen Siedlungsbefunden entfernt, wurden die Reste eines Steinhauses angetroffen.[46] Es handelt sich um einen rechteckigen Bau von rund 12 m Länge und 6 m Breite bei einer Mauerstärke von 1,50 m, von dessen Nordwestecke noch so viel Originalsubstanz erhalten war, daß die Deckenhöhe des Grundgeschosses mit rund 2,10 m bestimmt werden konnte. In der

46 H. Schäfer u. a., Ausgrabungen in Unterregenbach, Arch. Ausgr. Bad.-Württ. 1988 (1989) 249 ff.

Abb. 53 Nordwestecke des Steinhauses auf Parzelle 91/4. Im Eckbereich konnte Wasser des Quellhorizontes austreten und wurde durch eine Rinne in einen Abflußkanal geleitet.

Abb. 54 Abflußrinne des Steinhauses auf Parzelle 91/4.

Südmauer, nahe der Südostecke, wurde ein 1,40 m breiter Eingang festgestellt.

Das zweischalige Bruchsteinmauerwerk bestand überwiegend aus Muschelkalk, es fanden sich jedoch auch einige Sandsteine in sekundärer Verwendung, die möglicherweise aus dem Abbruchmaterial stammen, das bei der Verkleinerung der Großen Basilika um 1200 angefallen war. Die Mauerstärken und die Menge des Abbruchmaterials deuten darauf hin, daß es sich um ein mehrstöckiges Steingebäude handelte, zumal sich in der kompakten Brandschicht, die sich im Gebäudeinneren befand, zwar etliche Bruchstücke von verziegeltem, mit Stroh gemagertem, glatt gestrichenem Lehm fanden, die dem Fußboden des Obergeschosses zuzuordnen sind, jedoch keine Lehmstücke, die einer Ausfachung entstammen können.

Das Steinhaus wurde an den stark abschüssigen Hang und in Anpassung an die Geländesituation teilweise in den stufenförmig anstehenden Fels hineingebaut. Nur ein

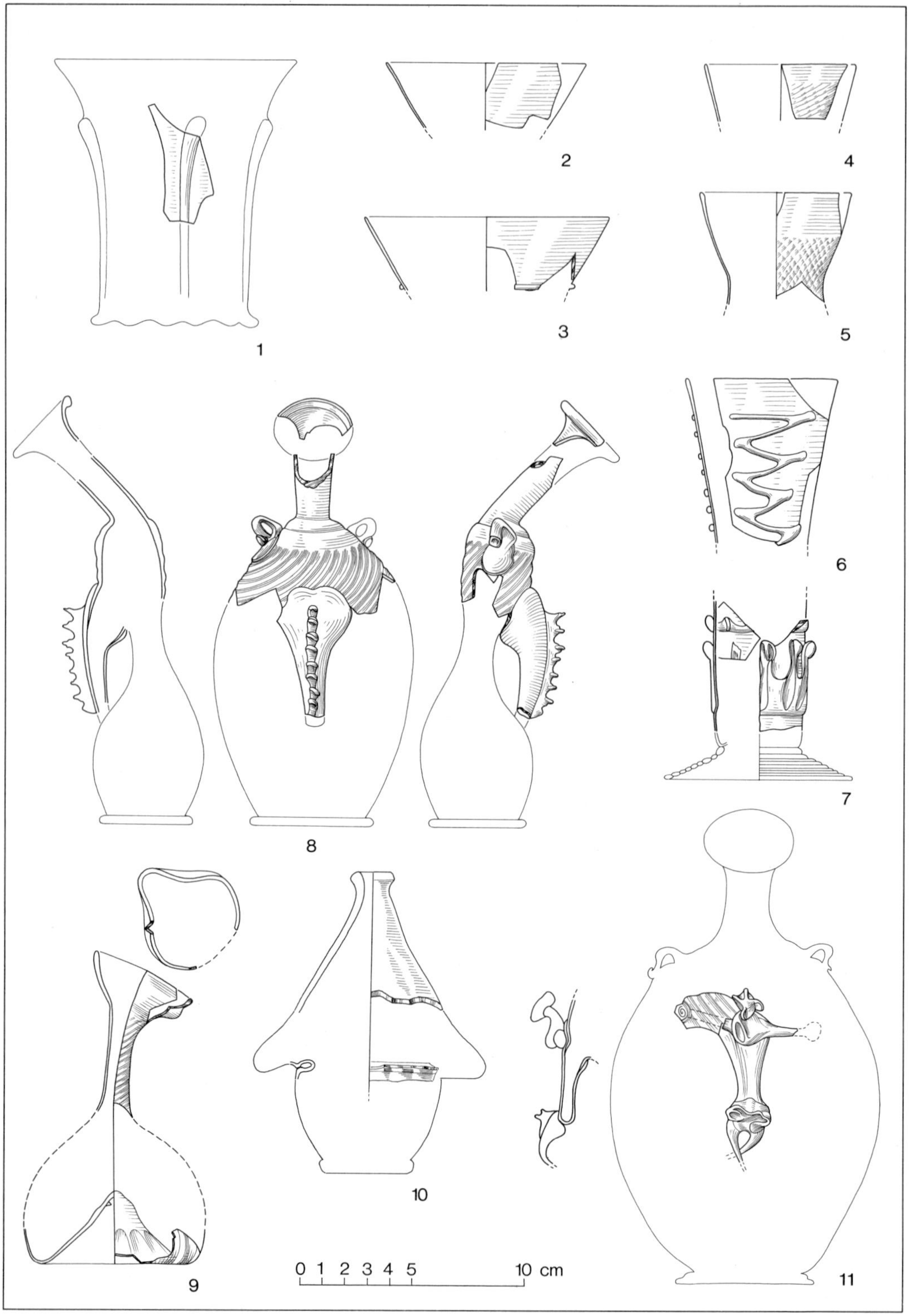
1
2
3
4
5
6
7
8
9
10
11
0 1 2 3 4 5 10 cm

Teil des ermittelten Grundgeschoßes kann als Raum genutzt worden sein, denn mit Mauern abgetrennte Bereiche wiesen eine so geringe Eintiefung auf, daß hier das Grundniveau nur etwa 1,40 m unter dem Deckenniveau gelegen haben kann.

Nach Auskunft des Fundmaterials wurde das Steinhaus etwa um 1200 errichtet und

◀ *Abb. 55 Glasfunde, M. 1:3.*

Ungleich seltener als Keramik- sind in Unterregenbach Glasfunde. Das hat zwei Gründe: zum einen ist Hohlglas während der ersten Jahrhunderte des Bestehens der Siedlung (9.–12. Jh.) so selten, daß es kaum je irgendwo nachgewiesen werden kann. Zum anderen stellen Glasgefäße danach, im fortgeschrittenen 13. und 14. Jh., einen wesentlichen Bestandteil der gehobenen Tischkultur dar, die – wie bereits bei der Keramik betont – am Ort eigentlich nicht mehr zu erwarten ist.

So kann es kein Zufall sein, daß die wenigen frühen Glasfunde des 13. Jh. aus dem Frankenbauer-Areal und von Parzelle 91/4 stammen, in der die Bewohner eines Wohnturmes und eines stattlichen Steingebäudes den höchsten Lebensstandard am Ort erreichten. Mit den bereits publizierten Nuppenbechern und den farblosen Gläsern mit senkrecht aufgelegten, blauen ‚Schlangenfäden' aus dem Frankenbauer-Grabungsbereich sind zwei wesentliche Elemente frühen Glasbestandes in Süddeutschland genannt. Durch den entfärbten Rippenbecher (Abb. 55,1) erweitert sich das Typenspektrum. Aus Parzelle 91/4 kommen weitere farblose Nuppenbecher (?) hinzu (Abb. 55,2.3), die aufgrund der Fundlage in der Mitte des 13. Jh. datierten Brandschuttschicht zu den ältesten Exemplaren überhaupt gezählt werden müssen.

Aus der Palette der qualitätvollen Gläser des beginnenden Spätmittelalters fehlen in Unterregenbach, wie an vielen anderen Orten mit weit größerem Glasaufkommen auch, emailbemalte Stücke, sog. syrofränkische Becher.

Die Lücke im gläsernen Fundmaterial vom späten 13./14. Jh. bis zum beginnenden 16. Jh. fällt mit dem Fehlen qualitätvoller Keramik zusammen, wodurch im archäologischen Material nochmals der spätestens um die Mitte des 13. Jh. eingetretene Bedeutungsschwund des Platzes unterstrichen wird.

Ein Glaskomplex der beginnenden Neuzeit bezeugt dann Jahrhunderte später noch einmal die Existenz eines sich von seiner bäuerlichen Umgebung deutlich abhebenden Haushaltes. Der Fundlage nach ist es wohl der eines Geistlichen, denn im Bereich der Krypta der Großen Basilika wird das erste Pfarrhaus des 16. Jh. vermutet.

Hier sind neben den in renaissancezeitlichen Fundzusammenhängen üblichen, späten Maigelbechern mit engem Kreuzrippendekor und stark geschwungener Gesamtform (Abb. 55,4.5), den geläufigen Stangengläsern mit Nuppenbesatz, den Guttrolfen mit schrägem Hals und schnauzenförmig gekniffenen Oberteil (Abb. 55,9) und den Ausläufern der doppelkonischen Flaschen (Abb. 55,10) auch einige ausgesprochen seltene Gläser präsent. Das einzige farblich von der Masse der grünen Stücke abweichende Fragment ist dunkelblau und mit einem senkrecht aufgelegten Zickzackfaden dekoriert (Abb. 54,6). Ein Stangenglas trägt statt der normalen Nuppen im Unterteil in sog. Blütenbodenmanier aufgelegte und gekniffene Fäden (Abb. 55,7). Zwei sog. Pilgerflaschen imitieren eine Gefäßform, die seit dem Spätmittelalter aus anderen Materialien (Keramik, Holz, Metall) gut bekannt ist. Im Gegensatz zu den oft schlichten Ausführungen weisen diese Funde aber Besonderheiten auf. Hohle ‚Rüssel' wie jenen auf der ersten Pilgerflasche (Abb. 55,8) trifft man ansonsten nur ab und zu auf Stangengläsern an. Die für das Glas des 16. Jh. bezeichnende Tendenz, alle möglichen Gefäßformen und Dekorvarianten zu kombinieren, brachte mit dieser Unterregenbacher Rüsselflasche eine bislang einzigartige Variante der Pilgerflaschen hervor. Das zweite Stück zeichnet sich durch die zentral aufgelegte Christusfigur aus (Abb. 55,11). Unter den wenigen bisher bekanntgewordenen einschlägigen Funden nimmt es eine Sonderstellung ein, da der Körper des Gekreuzigten hohl gearbeitet ist. Möglicherweise sollte mit diesen bevorzugt in kirchlichem Umfeld vorkommenden Flaschen durch das Fließen des Weines in den Corpus das Abendmahlswunder, d. h. die Verwandlung des Weines in das Blut des Heilands, versinnbildlicht werden.

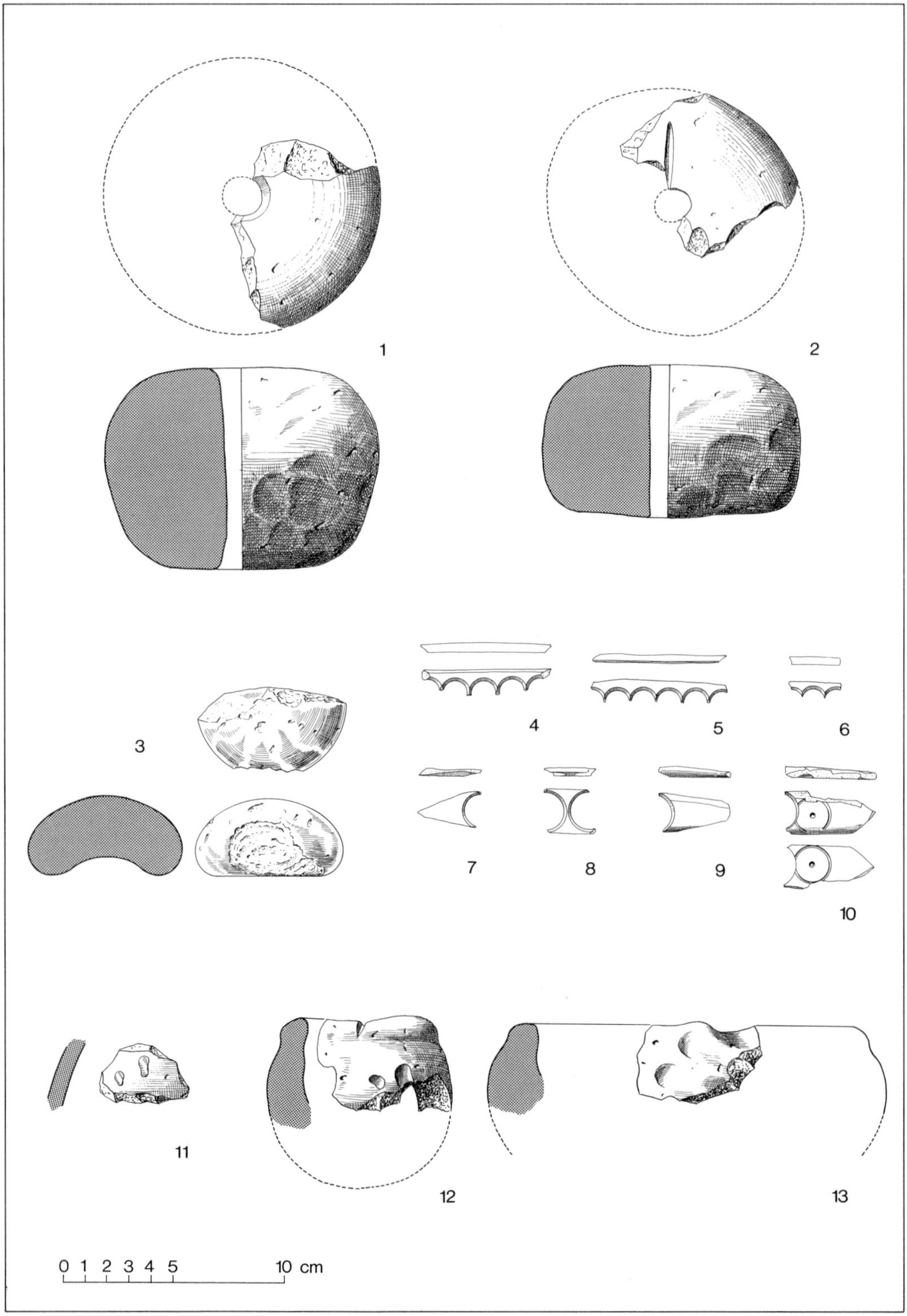
1
2
3
4
5
6
7
8
9
10
11
12
13
0 1 2 3 4 5 10 cm

durch einen starken Brand um 1250 völlig zerstört. Ein Wiederaufbau erfolgte nicht, auch in unmittelbarer Nähe scheint, soweit sich dies im Untersuchungsbereich erkennen ließ, kein unmittelbarer Nachfolgebau entstanden zu sein.
Bemerkenswert ist das Fundinventar, das aus der kompakten Brandschicht, die das Innere des Gebäudes ausfüllte, geborgen werden konnte. Neben einer eisernen Pflugschar und Fragmenten farbloser Nuppenbecher fanden sich zahlreiche Becherkacheln mit z. T. anhaftenden Resten der Ofenwandung, die von einem Kachelofen stammen müssen, der sich ursprünglich im Obergeschoß des Gebäudes befunden haben muß.
Für eine bemerkenswerte Ausstattung des Steinhauses spricht auch das ermittelte Abwassersystem: ein in einer Aussparung

◀ *Abb. 56 Handwerkliche Zeugnisse, M. 1:3.*

Die Grabungen förderten in den Unterregenbacher Siedlungsschichten auch verschiedene Spuren mittelalterlicher handwerklicher Tätigkeiten zutage.
Von der in fast jeder früh- und hochmittelalterlichen Ansiedlung betriebenen Textilherstellung zeugt als Befund ein eingetieftes Gebäude. In diesen sog. Grubenhäusern wurde die Weberei wegen der für die Woll- und Flachsverarbeitung günstigen Erdfeuchte betrieben. Darüber hinaus fand man als Reste von Webstühlen Fragmente von abgeflacht-kugeligen Webgewichten (Abb. 56,1.2). Die hierzulande bis ins Hoch- oder beginnende Spätmittelalter gebräuchlichen ‚stehenden' Webstühle benötigten solche schlecht gebrannten oder oftmals auch nur luftgetrockneten Tonklumpen zur Beschwerung der senkrechten Kettfäden. Die Spuren der Aufhängung sind als mehr oder weniger tiefe Kerben auf vielen Webgewichtfunden deutlich zu sehen, man vgl. z. B. eines der Unterregenbacher Stükke (Abb. 56,2). Ab dem 12./13. Jh. verschwindet diese Art von Funden aus dem archäologischen Material, da der nun aufkommende ‚liegende' Webstuhl ohne Gewichte auskam.
Zur Behandlung bereits fertiger Textilien verwendete man im ganzen Mittelalter pilzförmige Glasknollen, deren Zweckbestimmung aus der Bezeichnung ‚Glättsteine' hervorgeht. Sie stellen die Vorläufer des damals noch unbekannten Bügeleisens dar. Das hier abgebildete Exemplar (Abb. 56,3) gehört zu den kleineren Stücken, denn es gab auch solche mit 10 cm Durchmesser und mehr.
Neben Textilherstellung und -bearbeitung läßt sich auch Paternosterfertigung anhand von Funden nachweisen. Im Schutt des um die Mitte des 13. Jh. brandzerstörten Steingebäudes nordöstlich der Großen Basilika auf Parzelle 91/4 stieß man auf die typischen Knochenleisten, welche bei der Fabrikation von Knochenperlen anfallen (Abb. 56, 4–9). Diese Abfallprodukte zeigen einerseits wie effizient man das Rohmaterial auszunutzen verstand, indem man nur den gerade notwendigen Mindestabstand zwischen zwei Bohrungen einhielt. Sie erweisen andererseits, daß es ganz verschiedene Größen von Paternosterringlein gegeben haben muß. Die Querschnitte durch die gelochten Leisten sowie die nur an-, nicht durchgebohrten Stücke (Abb. 56, 10) verraten die Arbeitstechnik: man bohrte von beiden Seiten.
Die Paternosterfertigung erklärt sich zweifellos aus der Nähe zu den beiden damals noch bestehenden Kirchenbauten. Die Lage in der Zerstörungsschicht eines repräsentativen, wohl herrschaftlichen Steinbaues verwundert allerdings; sie könnte hier eine nicht ganz erwartete Art von Nebentätigkeit der Bewohner nahelegen.
Mindestens in der Frühzeit der Siedlung muß man sich in Unterregenbach auch mit Metallherstellung oder -verarbeitung beschäftigt haben. In den karolingischen Schichten wurden Tiegelfragmente (Abb. 56, 12.13), z. T. stark feuerverfärbt mit anhaftenden Schmelzresten (Abb. 56,12), wie auch einzelne Gefäßscherben mit sekundär aufgetropfter Glasur auf der Außenseite (Abb. 56, 11) angetroffen. Der Umgang mit Buntmetall könnte u. a. mit der Herstellung von Gegenständen kirchlichen Bedarfes zusammenhängen, da mit dem ältesten Vorgängerbau der heutigen Veitskirche bereits von Anfang an ein Gotteshaus bestand.

in der inneren nordöstlichen Mauerecke befindliches Becken diente anscheinend dazu, hier einfließendes Quellwasser zu sammeln, das dann durch eine parallel zur Ostmauer verlaufende Rinne unter der Türschwelle hindurch in einen Abflußkanal geleitet wurde, der noch über rund 8 m nach Osten verfolgt werden konnte. In den Abflußkanal wurde ein weiterer Kanal eingeführt, der seinen Anfang am Fuß der östlichen Gebäudemauer nimmt und wohl dazu bestimmt war, Abwasser aufzunehmen, das aus dem Obergeschoß über einen in der Mauer liegenden Abflußschacht weggegossen wurde.

Ein Steinhaus an dieser Stelle von Unterregenbach läßt sich mit der baulichen Entwicklung der Kirchen und des Herrensitzbereichs nicht ohne weiteres in Zusammenhang bringen, so daß seine Deutung auf erhebliche Schwierigkeiten stößt. Auch seine Datierung in eine Zeit, in der die Große Basilika bereits verkürzt worden war und Unterregenbach dem Verlust an Bedeutung und regionaler Zentralfunktion entgegenging, erstaunt und führt zu neuen Fragen, die auf der Grundlage des heutigen archäologischen Kenntnisstandes nicht beantwortet werden können.

Siedlungsbereich Hofwiese

Wie in anderen Siedlungsbereichen, lassen sich auch hier aus einer großen Zahl von Pfostengruben keine Hausgrundrisse erschließen. Etwa zentral innerhalb der Grabungsstelle fand sich eine Viehtränke, deren Zufluß von Norden aus dem Quellgebiet erfolgte. Aus der Lage der etwas lokkerer geordneten Pfostengruben westlich der Tränke möchte man meinen, daß hier ein Bau angeschnitten wurde, dessen First in West-Ost-Richtung verlief, ähnlich wie bei zeitgleichen oder zeitlich folgenden Steinbauten.

Den keramischen Funden zufolge setzt die Bebauung hier im 8./9. Jahrhundert ein, endet jedoch bereits im 11. Jahrhundert. Ob zu dieser Zeit auf eine Reduktion der Siedlung oder nur auf eine räumliche Verlagerung nach Nordwesten geschlossen werden kann, bleibt offen. Nach heutigen Erfahrungen lagen die östlichen Bauten im Grenzbereich der Hochwasserzone.

Die ‚Alte Burg'

Sowohl in den Gültbüchern als auch im Primärkataster trägt der westlich oberhalb von Unterregenbach gelegene Bergsporn die Bezeichnung ‚Alte Burg', auch ‚Altenberg'. In diesen Nennungen dokumentiert sich überkommenes Wissen bezüglich eines Befestigungswerkes, das sich heute lediglich im Verlauf seines Grabens und eines

Abb. 57 Gesamtplan der Grabungsbefunde im Bereich ‚Alte Burg'.

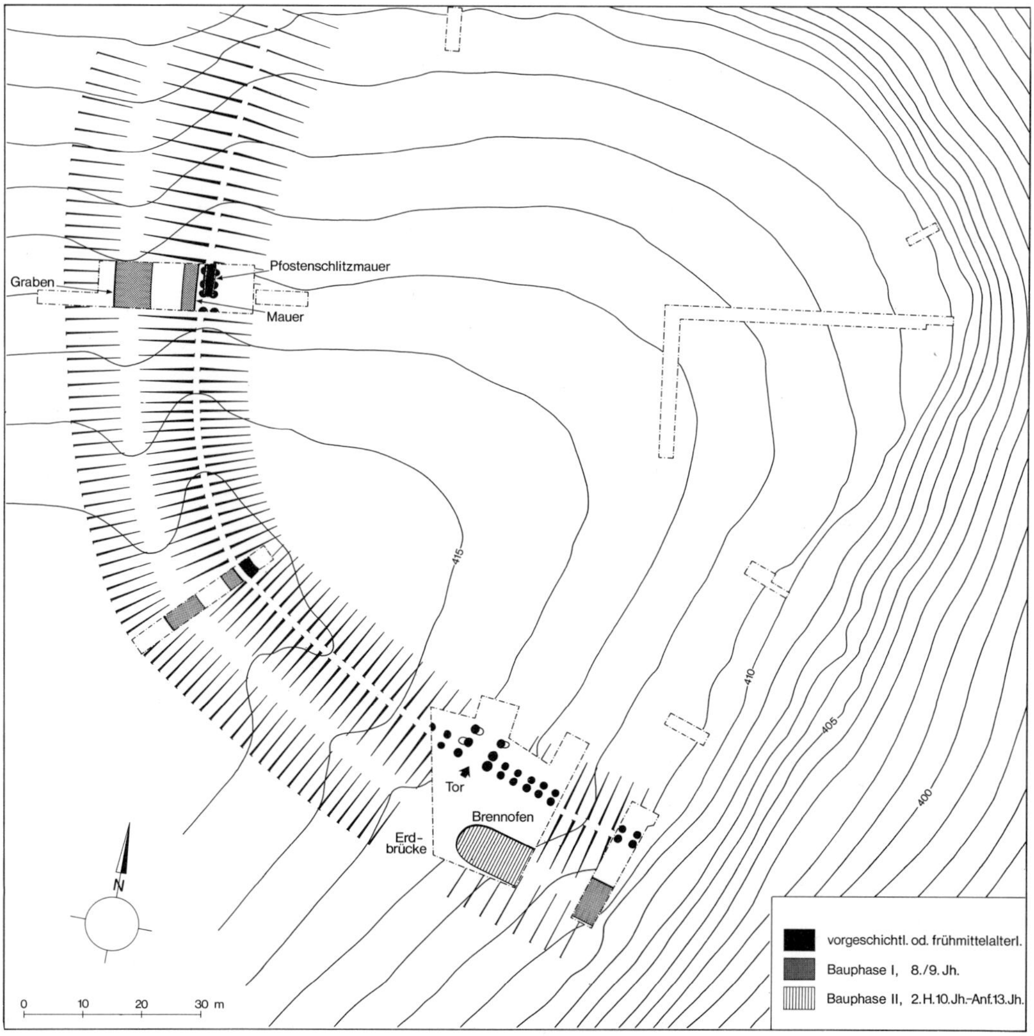

leichten Walles über der alten Mauer abhebt.

Nach spärlichen schriftlichen Überlieferungen und aufgrund eines Gefäßfundes aus der Grabenverfüllung zu urteilen, wurden die letzten Reste der Befestigung erst im Verlaufe des 17. Jahrhunderts beseitigt und das Gelände zur Bewirtschaftung voll erschlossen. Der Graben markierte jedoch zu allen Zeiten einen beachtenswerten Grenzverlauf. So vermerkten alte Grenzumgänge, daß hier, „allwo ein Lohestock befindlich“, die Langenburger Markung endete und das „fraischliche“ Hoheitsrecht aufhörte.

Soweit man alten Karten geographische Treue zumuten darf, zog die alte Straße von Unterregenbach in Richtung Künzelsau unmittelbar oberhalb der Befestigung vorbei. Schließlich nahm die Oberamts- und Kreisgrenze direkten Bezug auf den Verlauf des Grabens. Auch die Vermutung

Abb. 58 Schematische Darstellung des Befestigungssystems der ‚Alten Burg‘.

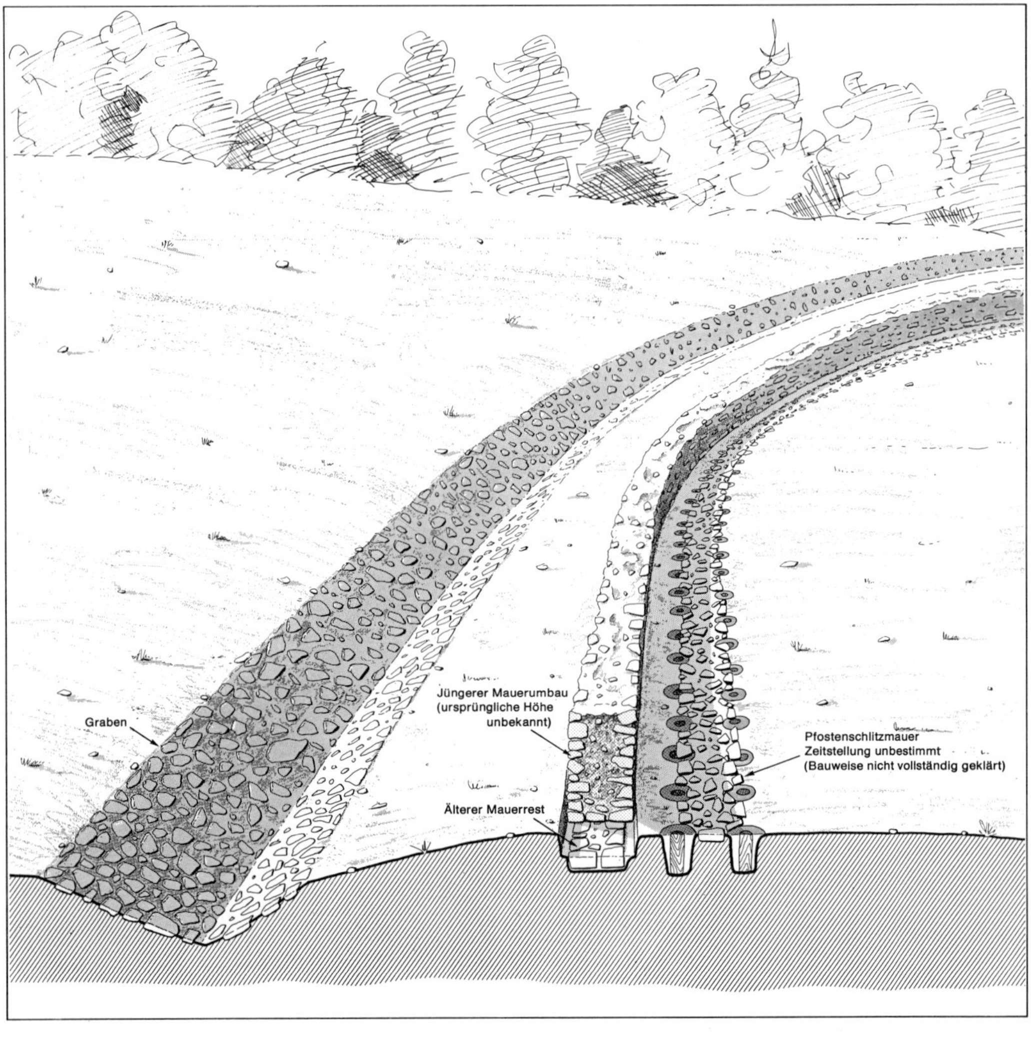

Abb. 59 ‚Alte Burg'. Die Luftaufnahme läßt den Verlauf des Abschnittsgrabens gut erkennen (Luftaufnahme freigegeben vom Regierungspräsidium Stuttgart Nr. B 26624 vom 11. 9. 1983).

K. Schumms,[47] daß an dieser Stelle, auf die karolingische Verfassung zurückgehend, Kocher- Jagst- und Maulachgau zusammenstießen, dürfte nicht ohne weiteres von der Hand zu weisen sein.

Im Vergleich mit ähnlichen Anlagen sprach man von einer keltischen Abschnittsbefestigung, doch konnte in Hinblick auf die besondere Siedlungssituation im Tal auch eine Datierung ins frühe Mittelalter vermutet werden.

Ein Grabungsschnitt durch den befestigten Teil der im Nordbereich noch nicht so stark verschleiften Anlage brachte überraschenderweise eine dreiperiodige Mauer zutage. Hinter einem bis zu 2 m tiefen und 8 m breiten Spitzgraben lag als ältester Befund eine Pfostenschlitzmauer von 1,80 m Breite, der eine 7 m breite Berme vorgelegt war. Nach Auflassung der Pfostenschlitzmauer entstand eine massive Mauer von 1,50 m Breite, die keine Mörtelbindung erkennen ließ. Sie wurde schließlich durch eine 1,90 m breite, mörtelgebundene Mauer ersetzt. Diese Befundabfolge wiederholte sich bei einer Untersuchung im Scheitelpunkt des Befestigungsbogens. Die Lage des Tores ließ sich mit Hilfe einer Luftaufnahme ermitteln. Es zeigte sich bei der archäologischen Überprüfung ein einfacher Durchlaß in Form einer Erdbrücke mit nach innen weisenden Mauerwangen.

Die teilweise Untersuchung des Plateaus[48] ließ keine Spuren einer Bebauung der

47 Mündliche Äußerung.

48 G. P. Fehring, S. Kummer u. G. Stachel, Die ‚Alte Burg' oberhalb von Unterregenbach, ein Beitrag zum Thema Klosterhof und Burg im Mittelalter. Württ. Franken 56, 1972, 121 ff. – G. Fehring, Eine mehrperiodige Abschnittsbefestigung oberhalb der frühmittelalterlichen Kirchenfamilie zu Unterregenbach, Kreis Crailsheim. Arch. Korrespondenzbl. 2, 1972, 219 ff.

Abb. 60 In den Graben der ‚Alten Burg' wurde nachträglich ein Brennofen für Kalk oder Ziegel eingebaut. Zu diesem Zeitpunkt dürfte die Anlage nicht mehr in Funktion gewesen sein.

Burgfläche erkennen. Daraus wird deutlich, daß es sich bei der Gesamtanlage von etwa 1,5 ha Größe um eine Fluchtburg handelte, die nur in Fällen äußerer Bedrohung aufgesucht und verteidigt werden sollte.
Funde, die wenigstens annähernd eine Zuweisung und Datierung der Mauerperioden hätten ermöglichen können, fehlen völlig. Wenige Streufunde prähistorischer Keramik, ein Randstück eines hochmittelalterlichen Gefäßes und eine schlanke Pfeilspitze vermögen lediglich einen allgemeinen Zeitrahmen zu geben. So bleibt offen, ob die erste Befestigung mittels einer Pfostenschlitzmauer schon zu prähistorischer Zeit bestand – man denke an die durch Funde belegten Späthallstatt-/Latène-Siedlungen von Unter- und Oberregenbach, oder, wie G. P. Fehring vermutet, dem Frühmittelalter zuzuweisen ist. Typologische Erwägungen zur Gesamtanlage, vor allem die Mauertechnik, legen den Schluß nahe, daß die jüngste – die gemörtelte – Mauer zur Zeit der Ungarneinfälle im Verlauf des 10. Jahrhunderts entstand.
Ein potentielles Schutzbedürfnis scheint bald nach 955 erloschen zu sein. Hinweis darauf geben zwei unmittelbar unterhalb des Zugangs in den Graben eingebaute Kalköfen. Sie waren, einer ^{14}C-Untersu-

chung zufolge, zwischen etwa 980 und 1060 in Funktion und lassen den Schluß zu, daß während dieses Zeitraums in Unterregenbach ein Großbau entstand.[49] Der Umstand, daß die Öfen nach ihrer Benutzung nicht wieder abgebaut wurden und, nunmehr eine Brücke neben dem Zugang bildend, die Funktionsfähigkeit der Verteidigungsanlage beeinträchtigten, weist darauf hin, daß die Befestigung spätestens seit diesem Zeitpunkt nicht mehr benutzt wurde.

---

49 Die auf ^{14}C beruhende Datierung wird man mit einiger Vorsicht handhaben müssen, denn die Konstruktion der als Kalkofen interpretierten Anlage ist in dieser Form für die Zeit um 1000 nicht hinreichend belegbar. – R. Koch, Ein mittelalterlicher Ziegelbrennofen bei Scheinfeld, Franken, unter einem Dach. Schriftenr. des Vereins Fränkisches Freilandmuseum e. V. Nürnberg 11 (1988) 64ff.

Zusammenfassung

Eine Zusammenfassung der Unterregenbacher Befunde kann beim gegenwärtigen wissenschaftlichen Bearbeitungsstand nur vorläufigen Charakter haben und ist mit einer Reihe von Problemen verbunden, deren Lösung nicht ohne weiteres möglich erscheint. So lassen sich die Schritte der baulichen Entwicklung Unterregenbachs zwar für die einzelnen Untersuchungsbereiche verläßlich nachzeichnen, es ist jedoch noch nicht möglich, die Einzelbereiche untereinander zu verbinden und eine Chronologie des gesamten bisher bekannten Baubestandes aufzustellen.

Man wird beispielsweise nicht begründet entscheiden können, ob etwa der Neubau der Kleinen Basilika St. Veit vor der Teilzerstörung und der Reparatur der Großen Basilika erfolgte oder danach. Diese und weitere chronologische Fragen erscheinen aufgrund der an vielen Stellen desolaten archäologisch-stratigraphischen Situation zum gegenwärtigen Zeitpunkt nicht lösbar.

Von der prähistorischen Siedlung im Bereich des heutigen Dorfes Unterregenbach liegen keine Informationen vor, die über den Nachweis der bloßen Existenz hinausgehen. Neben Funden wurden einzelne Gruben und Pfostenlöcher festgestellt, es ließen sich jedoch weder Hausgrundrisse noch Siedlungsstrukturen erkennen. Die Zeit des frühen Mittelalters, für die es keinerlei schriftliche Quellenüberlieferung gibt, ist in Unterregenbach durch die Existenz einer kleinen, einschiffigen Kirche charakterisiert. Ihr kann ein nordöstlich gelegenes Steingebäude zugeordnet werden, das sich durch die Ausstattungsmerkmale als eine Anlage erweist, die sicher nicht als ländlich-bäuerlich zu spezifizieren ist, sondern auf einen potenten Bauherrn hinweist.

Dieses Nebeneinander der beiden Bauten legt den Schluß nahe, daß hier eine Persönlichkeit des ‚Adels' als Besitzer zu vermuten ist, es sich demnach um eine Eigenkirche handeln könnte, die neben einem ‚Herrensitz' im allgemeinen Wortverständnis errichtet wurde. Im östlich anschließenden Untersuchungsbereich Frankenbauerhof wurden zahlreiche Siedlungsreste angetroffen, die einem solchen ‚Herrensitz' zugerechnet werden könnten. Auch die jüngeren ‚Wohntürme' deuten auf eine solche Konstellation hin, die für die Frühzeit zwar noch nicht belegbar ist, für eine Hypothese jedoch hinreichend erscheint. Weiterhin deuten frühmittelalterliche Keramikfunde und das Wissen um sowohl hölzerne als auch wenigstens mit Steinfundamenten versehene Bauten im Bereich östlich der Saalkirche St. Veit, die bisher nicht näher untersucht werden konnten bzw. die bei jüngeren Veränderungen weitgehend in ihrer Substanz beseitigt worden sein dürften, darauf hin, daß hier eine Siedlungstradition anzunehmen ist, die nicht als ‚nur bäuerlich' bezeichnet werden kann.

Läßt sich anhand der Grabungsbefunde bisher noch nicht erkennen, in welchem chronologischen Verhältnis die Saalkirche und der neben ihr stehende Steinbau zueinander stehen, so deutet die Tatsache,

Abb. 61 St. Veit. Brustbild eines Mannes mit Nimbus und Palme. H. 43 cm.

daß der Steinbau jenes Gebäude Unterregenbach ist, das insgesamt am längsten bestanden hat, darauf hin, hier eine Nutzung anzunehmen, die entweder kirchlichen oder herrschaftlichen Charakter besessen haben dürfte.

Die Beurteilung dieser Frage ist insofern von besonderer Wichtigkeit, als sie von grundlegender Bedeutung für das Verständnis der nachfolgenden Baumaßnahmen ist, insbesondere für die Entstehung bzw. die Stiftung der Großen Basilika. Zugleich ist mit ihr auch die Frage nach dem Standort der Pfarrkirche im fraglichen landschaftlichen Bereich gestellt.

Auf den ersten Blick mag das Vorhandensein von Gräbern, die der Nutzungszeit der Saalkirche vor Errichtung der Großen Basilika zuzurechnen sind, dafür sprechen, in der ältesten Unterregenbacher Kirche eine Pfarrkirche zu sehen. Dagegen spricht jedoch, daß diese Funktion – soweit Quellenüberlieferung beigezogen werden kann – bei der Kirche des benachbarten Bächlin-

Abb. 62 Der Bereich zwischen den Kirchen von Unterregenbach wurde seit dem frühen Mittelalter bis zur Aufhebung als Begräbnisplatz genutzt. Besonders durch die neuzeitliche Belegung wurden die archäologischen Reste der mittelalterlichen Zeit großenteils beseitigt.

gen lag und gleichermaßen auch, daß bei und in der Eigenkirche durchaus die Mitglieder der Familie des Erbauers und seiner Klientel bestattet worden sein können. Hinzu kommt, daß die baugeschichtliche Entwicklung – dies heißt zugleich auch historische Entwicklung – im Bereich von St. Veit einerseits und im Bereich der Großen Basilika andererseits nicht unabhängig voneinander zu verlaufen scheint. Dies wird besonders bei einer Betrachtung der Baugeschichte der beiden Kirchenanlagen unter Einbeziehung der Urkunde von 1033 deutlich. Trifft dies zu, wird man nicht davon ausgehen können, daß hier zwei rechtlich eigenständige und voneinander unabhängige Sakralbereiche nebeneinander bestanden.

Als letztes darf noch darauf verwiesen werden, daß für das ausgehende Mittelalter ein Veitsmarkt in Unterregenbach überliefert ist, ein Marktrecht also, von dem es heißt, daß es seit Menschengedenken bestehe.[50] Nun wird man sich nicht auf eine Diskussion über das Patronat St. Veit einlassen müssen, wenn man vermuten will, daß dieses Marktrecht – wenn auch noch nicht mit dem Hl. Veit verbunden – durchaus bis in das frühe Mittelalter, in das 9. oder 10. Jahrhundert, zurückreichen kann, zumal es mit dem Entstehen von Burg und Stadt Langenburg wohl kaum noch zur Verleihung von Marktrechten an Regenbach gekommen sein dürfte. In jedem Fall wäre auch dies ein Indiz für eine nicht unerhebliche Bedeutung des Ortes im frühen Mittelalter.

Aus den beschriebenen Zusammenhängen heraus kam es gegen Ende des 10. Jahrhunderts zur Gründung der Großen Basilika. Diese Datierung ist das Resultat stilkundlicher Überlegungen zu den Kapitellen der Krypta[51] und archäologischer Nachforschungen, die keine Argumente für eine noch genauere zeitliche Bestimmung lieferten. Sie ist für die Gesamtbeurteilung der Unterregenbacher Geschichte jedoch von hinlänglicher Genauigkeit.
Der Bau, der hier entstand, ist von so ungewöhnlicher Größe und Ausstattung, daß er nicht als Pfarrkirche gedeutet werden kann, sondern vielmehr als Stiftung verstanden werden muß. Ob es sich allerdings bei der Großen Basilika um die Kirche eines Klosters oder eines Stiftes handelte, wird letztlich nicht zu beantworten sein. Bald nach der Fertigstellung des eigentlichen Kirchenraums wurde ein westwerkartiger Baukörper angefügt, dessen Merkmale daraufhin deuten, daß mit diesem Bauvorhaben durchaus herrschaftliche, d. h. weltliche, Motive verbunden waren. Die Treppenanlage, die im nördlichen ‚Turm' der Westseite nachgewiesen werden konnte und wenigen Anhaltspunkten zufolge auch im südlichen vorhanden war, deutet auf den Zugang zu einer Eigenkapelle oder gar zu einer dem Stifter vorbehaltenen, über der Eingangshalle gelegenen ‚Loge' von der aus er dem Gottesdienst folgen konnte.
Bei der Untersuchung der Urkunde von 1033 kommt P. Hilsch zu der Auffassung, daß der dort verwendete Begriff „immunitas" das Vorhandensein eines Klosters oder Stifts belege, das sich zu Teilen im Eigentum der Kaiserin Gisela befand und 1033 dem Bistum Würzburg geschenkt wurde. Als möglicher Gründer der Unterregenbacher Anlage käme Konrad, Herzog von Schwaben, oder sein Sohn Heinrich in Betracht. Die Gründung selbst sollte vermutlich „... Herrschaftsstützpunkt, Repräsentationsbau, Stätte religiöser Absicherung und vielleicht Grablege sein ... Aber die Regenbacher Stiftung hatte wohl noch einen anderen Zweck: sie sollte im Rahmen der innerostfränkischen Gegensätze ein vorgeschobener Posten gegen die Würzburger Bischofskirche sein ..."[52] Die Stiftung ihres Anteils am Regenbacher Kloster oder Stift durch Gisela hatte wohl den Sinn, die Rechte zusammenzuführen. Absehbar war 1033, daß der Nachfolger des in der Urkunde genannten Würzburger Bischofs Meginhard der Neffe Giselas, Bruno, sein würde, der, wie sich aus anderen historischen Fakten rekonstruieren läßt, die übrigen Rechte am Kloster oder Stift Unterregenbach bereits besessen haben dürfte.
In der Frühphase der archäologischen Forschung in Unterregenbach hat man die überdurchschnittliche Qualität des Kirchenbaus durchaus registriert, man war ver-

50 H. Mürdel, Das Rätsel von Regenbach. Zeitschr. Württ. Landesgesch. 8, 1944/48, 99ff.
51 S. Kummer, (s. Anm. 36) 149ff.
52 Hilsch, Schenkung (s. Anm. 3) 52ff.

Abb. 63 Meßkelch, zweite Hälfte des 11. Jahrhunderts. Ein Lesefund, der keinem der Unterregenbacher Bauten zugewiesen werden kann. H. ca. 13,5 cm.

sucht, sie auf dem Hintergrund der für das Mittelalter bescheidenen umgebenden Kulturlandschaft in ihrer Bedeutung zu überschätzen. Unter der Hypothese, die sich bei systematischen Grabungen nicht erhärten ließ, die Basilika gehe bis in karolingische Zeit zurück, suchte man sie aufgrund der altertümlich anmutenden Kapitelle in den Umkreis der karolingischen Hofkunst zu stellen.[53] All diese Überlegungen – Hofkunst, Kirchenfamilie, Kirche/Burg, ‚Herrensitz' –, die in dem wissenschaftlichen Interesse und der wissenschaftlichen Diskussion der Zeit ihre Wurzeln haben, greifen sicher zu hoch, mindern jedoch keineswegs die historische Aussagekraft der Befunde.

Doch kehren wir zur Baugeschichte der Großen Basilika zurück. Aus letztlich ungeklärter Ursache, verbunden mit einem Brand, wurden wenigstens die westlichen Teile der Kirche so stark beschädigt, daß umfangreiche Wiederaufbau- und Reparaturmaßnahmen notwendig waren. Sie sind dadurch charakterisiert, daß sie in ausgesprochen minderer handwerklicher Qualität ausgeführt wurden und zu einem Ergebnis führten, das in keinem Verhältnis zu der Bedeutung zu stehen scheint, die der Kirche offenbar in der Gründungsphase zukam. Dies mag als Beleg der These von P. Hilsch verstanden werden, derzufolge 1033 das Stift oder Kloster Unterregenbach nicht mehr bestanden habe. Es kann aus archäologischer Sicht jedoch nicht zugleich bedeuten, daß die Große Basilika vor 1033 bereits jegliche Funktion eingebüßt hat.

Gegen eine solche Schlußfolgerung sprechen die archäologischen Befunde in aller Deutlichkeit. Die Reparaturmaßnahmen führten zwar zu erheblichen Verlusten an baukünstlerischer Qualität, die Anlage wurde jedoch insgesamt wieder benutzbar. Auch als man die Basilika in der Zeit um 1200 auf die Hälfte ihrer ursprünglichen Länge verkürzte, war man offenbar weiterhin auf ihre Funktionsfähigkeit bedacht, denn die in den Seitenschiffbereichen liegenden Zugänge zur Krypta blieben weiterhin begehbar.

53 Fehring u. Stachel, Unterregenbach (s. Anm. 19) 214.

Versucht man, die landesgeschichtliche Beurteilung der Unterregenbacher Verhältnisse und die archäologischen Befunde miteinander in Einklang zu bringen, wäre dies am ehesten möglich, wenn man annimmt, daß die Große Basilika zwar nicht mehr als Kirche eines Konvents diente, sondern ‚nur' noch als Ort der Verehrung von Reliquien, deren Vorhandensein durch das Fragment eines Inschriftensteins (ergänzt: PRO SALVTE ANIMAE ILLIVS PER QVEM PERVENERVNT CORPORA SANCTORVM BEATORVM ... = Zum Seelenheil jenes Mannes, durch den die Körper der Heiligen ... hierher kamen) belegt ist.

Der Neubau der Veitskirche, dessen zeitliche Bestimmung nur mittelbar möglich ist, dürfte mit dem Übergang von Unterregenbach an das Bistum Würzburg in Zusammenhang stehen. Beim Fehlen gut datierbaren Fundmaterials wurde dieser Bauvorgang, aufbauend auf den Merkmalen des Grundrisses einerseits und aufgrund der stilkritischen Datierung eines in sekundärer Verwendung angetroffenen Würfelkapitells andererseits, in die Mitte des 11. Jahrhunderts datiert. Dieser zeitliche Ansatz würde gut mit der Quellenüberlieferung von 1033 zusammenpassen, da es kaum vorstellbar sein dürfte, daß ein solcher Bau ohne nachdrückliche Protektion erstellt werden konnte. Schon allein die basilikale Grundrißdisposition, die sich im geographischen Raum allenfalls bei bischöflichen Bauten oder Stiftungen des Adels finden läßt, verrät den Einfluß, der hinter diesem Neubauprojekt gestanden haben muß.
Verwunderlich ist dennoch die Tatsache, daß nicht die Große Basilika, die sich schon zu dieser Zeit in keinem ansehnlichen Zustand mehr befunden haben kann, saniert und renoviert wurde, sondern daß man statt dessen einen Neubau verwirklichte, ohne die Große Basilika in eine Neukonzeption oder ‚Gesamtsanierung' einzubeziehen.
Verbunden mit dem Neubau von St. Veit war der Umbau des nordöstlich gelegenen Steinhauses, dessen Funktion aufgrund der insgesamt recht geringen Reste auf archäo-

Abb. 64 Inschriftenfragment mit dem Hinweis auf die Verehrung von Reliquien in Unterregenbach. H. 28 cm.

logischem Wege nicht ohne weiteres geklärt werden konnte. Trifft es zu, daß die erste Unterregenbacher Kirche, die Saalkirche St. Veit, als Eigenkirche des ausgehenden 8. oder beginnenden 9. Jahrhunderts zu deuten ist, so wird man den Kirchenbereich nicht definitiv vom Profanbereich des Herrensitzes abgrenzen können, zumal die bisher ermittelten Befunde einen deutlichen Hinweis darauf geben, daß weltlicher Bereich und Kirche unmittelbar nebeneinander gelegen haben.

Der gleichzeitige Umbau der Kleinen Basilika und des nordöstlich anschließenden Gebäudes mag auf dessen Zugehörigkeit zum kirchlichen Bereich wenigstens seit diesem Zeitpunkt hindeuten. Dafür spricht auch der Umstand, daß sein für die Frühphase im Süden archäologisch nachweisbarer Zugang nach dem Bau der Kleinen Basilika an die Westseite verlegt wurde und sich damit deutlich auf den benachbarten Kirchenbereich bezog.

Dennoch wird man diese Zuweisung nicht apodiktisch vertreten können, denn der archäologische Befund läßt keinerlei Aussage darüber zu, ob sich nicht ein weiterer Zugang im Bereich des Herrensitzes, d.h. im östlichen Gebäudeteil, befunden hat. Damit erscheint es – wenigstens für die Zeit vor Gründung der Großen Basilika – auch möglich, in dem fraglichen Gebäude das in Bautechnik und Ausstattung hohen Anspruch dokumentierende Hauptgebäude des Herrensitzes zu sehen.

Die Siedlungsbereiche, die bis in das hohe Mittelalter hinein durch Holzbauweise charakterisiert sind, schließen sich besonders in nördlicher Richtung an den Herrensitz an. Hier reflektiert sich bäuerliche und handwerkliche Lebensweise, wie sowohl Fischteich und Tränke, die Webhütte und der Keramikbrennofen verdeutlichen. Nach dem Bau der Großen Basilika scheint sich die Siedlung nach Norden und Nordwesten hin zu vergrößern, vielleicht auch zu ‚wandern'.

Bleibt der ‚Herrensitz' in der Frühzeit eher erschließbar als durch archäologische Befunde belegbar, so ist jenes Gebäude, das im 11. Jahrhundert den Bereich Frankenbauer charakterisiert und das im 12. Jahrhundert erneuert wurde, doch wohl als ‚Herrensitz' anzusprechen. Zwar ist das Fundinventar insgesamt eher bescheiden, jedoch deutet wenigstens ein Teil der Funde, nicht zuletzt auch Fragmente von in dieser Zeit noch seltenen, z.T. farblosen Trinkgläsern, auf eine herausgehobene soziale Stellung der Bewohner dieses Bereichs hin.

Mit dem 1987/88 angeschnittenen Befund auf der nördlich der Großen Basilika gelegenen Parzelle 91/4 erfährt das Gesamtbild der archäologisch faßbaren historischen Entwicklung von Unterregenbach eine weitere Differenzierung, deren Bedeutung heute noch nicht ganz abzusehen ist.

Sowohl unter dem Gesichtspunkt der Bauqualität als auch unter dem Aspekt der Ausstattung, die insbesondere durch die Beheizbarkeit mit Hilfe eines Kachelofens und Fensterverglasung gekennzeichnet ist, muß es sich hier um ein repräsentatives Steinhaus gehandelt haben, das um 1200 errichtet wurde und nur bis etwa 1250 bestanden hat. Hinsichtlich dieser ‚Qualitätsindikatoren' ist kaum eine Bedeutungsdifferenz zum ‚Herrensitz' im Grabungsbereich Frankenbauer feststellbar, so daß sich nachdrücklich die Frage stellt, wer um 1200, als die Große Basilika nur noch als Fragment der ursprünglichen Anlage vorhanden war und Burg und Stadt Langenburg vor ihrer Gründung standen, ein Interesse an einer repräsentativen Behausung in Unterregenbach gehabt haben kann.

Abb. 65 Verzierte Schlüssel des Spätmittelalters. H. 17 cm. Rdm. 33 cm.

Alle Überlegungen in diese Richtung müssen beim Stand der Forschung Spekulation bleiben. Immerhin zeigt sich hier noch eine Attraktivität des Ortes, die man bisher nicht vermuten konnte. Da sich die Ortsherrschaft sicher in dieser Zeit umzuorientieren begann und dann ihren Sitz nach Langenburg verlegte, könnte es sein, daß sich in dem neu aufgefundenen Steinhaus kirchliche Bedeutung widerspiegelt. Möglicherweise handelt es sich um den Sitz eines Vogts, dem die Sorge um die kirchlichen Anlagen und deren Verwaltung oblag.

In der ersten Hälfte des 13. Jahrhunderts scheint die Bedeutung von Unterregenbach sehr rasch abgenommen zu haben, ein Vorgang, der vermutlich mit dem Entstehen der Burg Langenburg und hernach der Stadt im Zusammenhang zu sehen ist. Die Langenberger, die sich nun auf dem strategisch günstigen, etwa 3 km von Unterregenbach entfernt liegenden Bergrükken niederließen, dürften zuvor ihren Sitz in Unterregenbach, vielleicht im Bereich Frankenbauer, gehabt haben. Sie blieben Patronatsherren der Kirche und es bestand weiter eine „curia (= Frankenbauer?), die ein Lehnsmann der Langenburger bewohnte.

Die archäologisch faßbare Brandzerstörung des Herrensitzes im Bereich Frankenbauer ist möglicherweise mit kriegerischen Auseinandersetzungen von 1236 in Zusammenhang zu bringen, bei denen Langenburg belagert wurde und erhebliche Beschädigungen überliefert sind, die sich nicht unbedingt nur auf Langenburg selbst, sondern ebenso auf das zugehörige Territorium bezogen haben können und dazu führten, daß Vergeltungsmaßnahmen eingeleitet wurden.

Etwa gegen Mitte des 13. Jahrhunderts

wird die Große Basilika bis auf die Krypta abgetragen worden sein, der ‚Herrensitz' im Bereich Frankenbauer wurde nach Brandzerstörung aufgegeben, der Steinbau auf der Parzelle 91/4 wurde nach seiner Brandzerstörung um 1250 nicht wieder aufgebaut und anscheinend entstand auch kein Nachfolgebau in seiner unmittelbaren Umgebung.

Wenn Unterregenbach um diese Zeit einem Zustand historischer Bedeutungslosigkeit, historischer Anonymität entgegengeht, indem weder Schriftquellen noch bedeutendere, archäologisch faßbare Sachquellen auf mehr als lokale Entwicklung hindeuten, ist dieses freilich nicht in unmittelbarer Folge der genannten kriegerischen Auseinandersetzungen zu sehen. Vielmehr zeigt sich in Unterregenbach deutlich ein Phänomen, das für das 13. Jahrhundert von großer Bedeutung gewesen sein muß. Die zahlreichen Stadtgründungen dieser Zeit hatten unmittelbare Auswirkungen auf das Umland, indem sich regionale und überregionale Funktionen in den Städten konzentrierten und ihrer Umgebung historisch gewachsene Bedeutung genommen wurde. Es entstand das, was wir bis heute – mit ähnlichem Bedeutungsinhalt versehen – als ländliche Region, als Hinterland, bezeichnen – und im Grunde zugleich schon das Stadt-Umland-Problem, das bis in die Gegenwart hinein an Bedeutung kaum verloren hat.

Die bisher archäologisch nachweisbare Bautätigkeit des 14. und 15. Jahrhunderts scheint sich auf die Kirche St. Veit zu konzentrieren. Hier sind Umbauten festzustellen, schließlich ihre Verkleinerung und im 15. Jahrhundert der Umbau zur heutigen Pfarrkirche. Die in ihrem Ursprung vermutlich bischöfliche Basilika wird in dieser Zeit auch baulich zur Dorfkirche.

Der Steinbau im östlichen Friedhofsbereich scheint auch nach dem Niedergang von Unterregenbach im 13. Jahrhundert weiterhin benötigt worden zu sein. Er wurde in etwas veränderter Form wiedererrichtet, dies jedoch in so mangelhafter handwerklicher Qualität, daß er nach Beschädigung bald erneuert werden mußte. Der Bewohner des Hauses, das nun einen Keller erhielt, scheint dem im Brandschutt des Kellers gefundenen Inventar zufolge nicht unbedeutend gewesen zu sein, vielleicht ist hier das erste Pfarrhaus von Unterregenbach zu suchen.

Mit der Aufgabe dieses Gebäudes ist ein Vorgang verbunden, der vollends zeigt, wie sehr sich die Verhältnisse in Unterregenbach geändert hatten. Der Baugrund, der seit Errichtung der ersten Kirche stets von einem Gebäude eingenommen worden war, das in den kirchlichen Funktionszusammenhang zu gehören schien, wurde nun durch die heutige östliche Friedhofsmauer durchschnitten und damit eine definitive Aufteilung zwischen dem Kirchenbereich und dem herrschaftlichen Bereich des frühen und hohen Mittelalters vorgenommen. Mit dem Verlust an regionaler Geltung werden die Spuren bedeutender geschichtlicher Vergangenheit geringer, die nun fast nur noch bäuerliche Siedlung Unterregenbach formiert sich neu und gewinnt das Bild, das Unterregenbach bis heute prägt.

Literaturübersicht

Bauer, H., Die Krypta in Unterregenbach. Württ. Franken 7, 1865, 96.

Bossert, G., Württembergische Kirchengeschichte (1893) 73.

Christ, H., Romanische Kirchen in Schwaben und Neckarfranken (1925).

Christ, H., Die Krypta von Unterregenbach. Jahrbuch der Rheinisch-Westfälischen Technischen Universität Aachen 3, 1950, 23ff.

Christ, H., Die Pfarrkirche von Unterregenbach. Württembergisch Franken N.F. 24/25, 1949/50, 116ff.

Christ, H., u. Raub, E., Der Kelch von Unterregenbach. Deutsche Goldschmiedezeitung 54, 1956, 54ff.

Decker-Hauff, M., Das Rätsel von Regenbach. Württembergisch Franken 66, 1982, 47ff.

Dehio, G., Über die kirchliche Baukunst des Abendlandes (1892ff.) 669ff.

Dehio, G., Handbuch der Deutschen Kunstdenkmäler 3 (1908) 521.

Dehio, G., Geschichte der Deutschen Kunst 1 ^{2}(1921) I 85.

Elbern, V. H., Der Eucharistische Kelch im frühen Mittelalter. Zeitschrift für Kunstwissenschaft 17, 1963, 1–75 u. 127–188.

Fehring, G. P., Kirchenanlagen, Herrensitz und Siedlungsreste des Mittelalters in Unterregenbach. Württembergisch Franken N.F. 40, 1966, 37ff.

Fehring, G. P., Eine mehrperiodige Abschnittsbefestigung oberhalb der frühmittelalterlichen Kirchenfamilie zu Unterregenbach, Kr. Crailsheim. Archäologisches Korrespondenzblatt 2, 1972, 219ff.

Fehring, G. P., Unterregenbach. Kirchen-Herrensitz-Siedlungsbereiche. Die Untersuchungen der Jahre 1960–1963 mit einem Vorbericht über die Grabungen der Jahre 1964–1968. Forschungen und Berichte der Archäologie des Mittelalters in Baden-Württemberg 1 (1972).

Fehring, G. P., Kummer, S. u. Stachel, G., Die ‚Alte Burg' oberhalb von Unterregenbach, ein Beitrag zum Thema Klosterhof und Burg im Mittelalter. Württembergisch Franken 56, 1972, 121ff.

Fehring, G. P., u. Stachel, G., Unterregenbach. Neue Grabungsbefunde und erreichter Forschungsstand. Forschungen und Berichte der Archäologie des Mittelalters in Baden-Württemberg 4 (1977) 209ff.

Fehring, G. P. u. Stachel, G., Unterregenbach an der Jagst; Kloster oder Stift mit Herrensitz und Refugium ‚Alte Burg'. Führer zu vor- und frühgeschichtlichen Denkmälern 24 (1973) 197ff.

Gradmann, E., Die Kunst und Altertumsdenkmale im Königreich Württemberg. Jagstkr. (1907) 209ff.

Gradmann, E., Das Rätsel von Regenbach. Württembergische Vierteljahreshefte für Landesgeschichte N.F. 25, 1916, 5ff.

Hilsch, P., Regenbach und die Schenkung der Kaiserin Gisela. Zeitschrift für Württembergische Landesgeschichte 42, 1983, 52ff.

Kautzsch, R., Kämpfer und Kapitelle der Krypta zu Unterregenbach. Marburger Jahrbuch für Kunstwissenschaft 13, 1944, 23ff.

Kost, E., Vorgeschichtliche und geschichtliche Funde in Württembergisch Franken 1950–1952, Frühmittelalter. Württembergisch Franken N.F. 26/27, 1951/52, 54ff.

Kühnhold, B., Die Tierknochenfunde aus Unterregenbach, einer mittelalterlichen Siedlung Württembergs. Diss. vet. med. München (1971).

Kugler, F., Geschichte der Baukunst 2 (1859) 493.

Kummer, S., Die Krypta von Unterregenbach und ihre Kapitelle. Ein Beitrag zur ottonischen

Architektur in Süddeutschland. Forschungen und Berichte der Archäologie des Mittelalters in Baden-Württemberg 7 (1981) 149ff.

Lehmann, E., Der frühe deutsche Kirchenbau 2 (1949) 32f.; 44; 126.

Licht, E., Ottonische und frühromanische Kapitelle in Deutschland (1935) 21.

Mürdel, H., Das Rätsel von Regenbach. Zeitschrift für Württembergische Landesgeschichte 8, 1944/48, 81ff.

Mürdel, H., Das Rätsel von Regenbach. Ein Nachtrag. Zeitschrift für württembergische Landesgeschichte 9, 1949/50, 78ff.

Oswald, F., Schäfer, L. u. Sennhauser, H. R., Vorromanische Kirchenbauten. Katalog der Denkmäler bis zum Ausgang der Ottonen (1966) 356ff.

Paulus, E., Archäologische Entdeckungen und Untersuchungen im Jahre 1880. Württembergische Vierteljahreshefte für Landesgeschichte 44, 1881, 50ff.

Preuschoft, H. u. Schneider, H., Die Skelettreste aus der evangelischen Pfarrkirche St. Veit zu Unterregenbach. Anthropologie 7, 1969, 55ff.

Queck, G., Die Forschungen über Unterregenbach bis 1960. Württembergisch Franken 57, 1973, 182ff.

Das Rätsel von Regenbach. Ergebnisse und neue Fragen der Archäologie des Mittelalters. Ausstellungskatalog Stuttgart (1980).

Schäfer, H., Die Wiederherstellung der romanischen Krypta unter dem Pfarrhaus in Langenburg-Unterregenbach, Kr. Schwäbisch Hall. Denkmalpflege in Baden-Württemberg 6, 1977, 35ff.

Schäfer, H. u. Stachel, G., Die Große Basilika in Langenburg-Unterregenbach. Württembergisch Franken 68, 1984, 3–21.

Schäfer, H. u. a., Ausgrabungen in Unterregenbach, Stadt Langenburg, Kreis Schwäbisch Hall. Archäologische Ausgrabungen in Baden-Württemberg 1988 (1989) 249ff.

Schatz, H., Die Tierknochenfunde aus einer mittelalterlichen Siedlung Württembergs (Unterregenbach). Diss. vet. med. München 1963.

Schmidt, E., Kirchliche Bauten des frühen Mittelalters (1932) 35.

Stachel, G., Die Arbeitsweise der Archäologie des Mittelalters, dargestellt am Beispiel Unterregenbach. Württembergisch Franken N.F. 40, 1966, 29ff.

Wibel, J., Hohenlohische Kirchen- und Reformationshistorie 1 (1752) 185 u. 214.

ARCHÄOLOGISCHE INFORMATIONEN AUS BADEN-WÜRTTEMBERG

Bezug durch die
Gesellschaft für Vor- und Frühgeschichte in Württemberg und Hohenzollern
Silberburgstraße 193, 7000 Stuttgart-1

Heft 1 Archäologische Ausgrabungen in Breisach am Rhein 1984 bis 1986. Rathauserweiterung und Tiefgaragenbau (1987).

Heft 2 Walter Joachim, Archäologische Ausgrabungen in Stuttgart-Stammheim 1984–1987 (1987).

Heft 3 Hartmann Reim, Das keltische Gräberfeld bei Rottenburg am Neckar. Grabungen 1984–1987 (1988).

Heft 4 Dietrich Lutz u. Egon Schallmayer, 1200 Jahre Ettlingen. Archäologie einer Stadt. Begleitheft zur Ausstellung (1988).

Heft 5 C. Sebastian Sommer u. Hartmut Kaiser, Lopodunum-Ladenburg a. N. Archäologische Ausgrabungen 1981–1987 (1988).

Heft 6 Helmut Roth u. Claudia Theune, SW ♀ I-V: Zur Chronologie merowingerzeitlicher Frauengräber in Südwestdeutschland (1988).

Heft 7 Gerhart Seifert, Lackprofil und Lackfilmmethode (1988).

Heft 8 Römische Städte und Siedlungen in Baden-Württemberg. 5. Sitzung des Arbeitskreises in Rottenburg a. N. 21.–22. 4. 1988 (1988).

Heft 9 H. Schäfer u. G. Stachel, Unterregenbach. Archäologische Forschungen 1966–1988. Archäologische Forschungen 1960–1988 (1989).

Heft 10 B. Sasse, Leben am Kaiserstuhl im Frühmittelalter. Ergebnisse einer Ausgrabung bei Eichstetten (1989).

(weitere Hefte in Vorbereitung)

VERÖFFENTLICHUNGEN DES LANDESDENKMALAMTES BADEN-WÜRTTEMBERG

Archäologische Denkmalpflege

I. FORSCHUNGEN UND BERICHTE ZUR VOR- UND FRÜHGESCHICHTE IN BADEN-WÜRTTEMBERG

Kommissionsverlag Konrad Theiss Verlag Stuttgart

Band 1 Rolf Dehn, Die Urnenfelderkultur in Nordwürttemberg (1972).

Band 2 Eduard Neuffer, Der Reihengräberfriedhof von Donzdorf (Kreis Göppingen) (1972).

Band 3,I Robert Koch, Das Erdwerk der Michelsberger Kultur auf dem Hetzenberg bei Heilbronn-Neckargartach (in Vorb.).

Band 3,II Alix Irene Beyer, Die Tierknochenfunde. Das Erdwerk der Michelsberger Kultur auf dem Hetzenberg bei Heilbronn-Neckargartach II (1972).

Band 4,I Gustav Riek, Das Paläolithikum der Brillenhöhle bei Blaubeuren (Schwäbische Alb) (1973).

Band 4,II Joachim Boessneck u. Angela von den Driesch, Die jungpleistozänen Tierknochenfunde aus der Brillenhöhle (1973).

Band 5 Hans Klumbach, Der römische Skulpturenfund von Hausen an der Zaber (Kreis Heilbronn) (1973).

Band 6 Dieter Planck, Arae Flaviae I. Neue Untersuchungen zur Geschichte des römischen Rottweil (Text- u. Tafelband) (1975).

Band 7 Hermann Friedrich Müller, Das alamannische Gräberfeld von Hemmingen (Kreis Ludwigsburg) (1976)

Band 8 Jens Lüning u. Hartwig Zürn, Die Schussenrieder Siedlung im 'Schlößlesfeld', Markung Ludwigsburg (1977).

Band 9 Klemens Scheck, Die Tierknochen aus dem jungsteinzeitlichen Dorf Ehrenstein (Gemeinde Blaustein, Alb-Donau-Kreis) Ausgrabung 1960 (1977).

Band 10 Peter Paulsen u. Helga Schach-Dörges, Das alamannische Gräberfeld von Giengen an der Brenz (Kreis Heidenheim) (1978).

Band 11 Wolfgang Czysz u. a., Römische Keramik aus dem Vicus Wimpfen im Tal (1981).
Band 12 Ursula Koch, Die fränkischen Gräberfelder von Bargen und Berghausen in Nordbaden (1982).
Band 13 Mostefa Kokabi, Arae Flaviae II. Viehhaltung und Jagd im römischen Rottweil (1982).
Band 14 Udelgard Körber-Grohne u. a., Flora und Fauna im Ostkastell von Welzheim (1983).
Band 15 Christiane Neuffer-Müller, Der alamannische Adelsbestattungsplatz und die Reihengräberfriedhöfe von Kirchheim am Ries (Ostalbkreis) (1983).
Band 16 Eberhard Wagner, Das Mittelpaläolithikum der Großen Grotte bei Blaubeuren (1983).
Band 17 Joachim Hahn, Die steinzeitliche Besiedlung des Eselsburger Tales bei Heidenheim (1984).
Band 18 Margot Klee, Arae Flaviae III. Der Nordvicus von Arae Flaviae (1986).
Band 19 Udelgard Körber-Grohne u. Hansjörg Küster, Hochdorf I (1985).
Band 20 Studien zu den Militärgrenzen Roms III. Vorträge des 13. internationalen Limeskongresses Aalen 1983 (1986).
Band 21 Alexandra von Schnurbein, Der alamannische Friedhof bei Fridingen an der Donau (Kr. Tuttlingen) (1987).
Band 22 Gerhard Fingerlin, Dangstetten I. Katalog der Funde (Fundstellen 1–603) (1986).
Band 23 Claus-Joachim Kind, Das Felsställe – eine jungpaläolithisch-frühmesolithische Abri-Station bei Ehingen-Mühlen, Alb-Donau-Kreis. Die Grabungen 1975–1980 (1987).
Band 24 Jörg Biel, Vorgeschichtliche Höhensiedlungen in Südwürttemberg-Hohenzollern (1987).
Band 25 Hartwig Zürn, Hallstattzeitliche Grabfunde in Württemberg und Hohenzollern (Text- u. Tafelband) (1987).
Band 26 Joachim Hahn, Die Geißenklösterle-Höhle im Achtal bei Blaubeuren (1988).
Band 27 Erwin Keefer, Hochdorf II. Die Schussenrieder Siedlung (1988).
Band 28 Arae Flaviae IV. Mit Beiträgen von Margot Klee, Mostefa Kokabi u. Elisabeth Nuber (1988).
Band 29 Joachim Wahl u. Mostefa Kokabi, Stettfeld I. Mit einem Beitrag von Sigrid Alföldy-Thomas (1988).
Band 30 Wolfgang Kimmig, Das Kleinaspergle. Mit Beiträgen von E. Böhr u. a. (1988).
Band 31 Der prähistorische Mensch und seine Umwelt. Festschrift für Udelgard Körber-Grohne (1988).
Band 32 Rüdiger Krause, Die endneolithischen und frühbronzezeitlichen Grabfunde auf der Nordstadtterrasse von Singen am Hohentwiel (1988).

II. MATERIALHEFTE ZUR VOR- UND FRÜHGESCHICHTE IN BADEN-WÜRTTEMBERG

Kommissionsverlag Konrad Theiss Verlag Stuttgart

Heft 1 Christian Uhlig, Zur paläopathologischen Differentialdiagnose von Tumoren an Skeletteilen (1982).
Heft 3 Kurt Gerhardt, Anatomie für Ausgräber und Sammler (1985).
Heft 4 Berichte zu Ufer- und Moorsiedlungen Südwestdeutschlands I (1984).
Heft 5 Veronika Gulde, Osteologische Untersuchungen an Tierknochen aus dem römischen Vicus von Rainau-Buch (Ostalbkreis) (1985).
Heft 6 Helga Liese-Kleiber, Pollenanalysen in der Ufersiedlung Hornstaad-Hörnle I. Untersuchungen zur Sedimentation, Vegetation und Wirtschaft in einer neolithischen Station am Bodensee (1985).
Heft 7 Berichte zu Ufer- und Moorsiedlungen Südwestdeutschlands II (1985).
Heft 8 Inken Jensen, Der Schloßberg bei Neuenbürg. Eine Siedlung der Frühlatènezeit im Nordschwarzwald (1986).
Heft 9 Andreas Heege, Grabfunde der Merowingerzeit aus Heidenheim – Großkuchen (1987).
Heft 10 Karin Meier-Riva, Die Steinartefakte vom Hardberg bei Istein (Efringen-Kirchen, Kr. Lörrach) (1987).
Heft 11 Sigrid Alföldy-Thomas u. Helmut Spatz, Die ‘Große Grube’ der Rössener Kultur in Heidelberg-Neuenheim (1988).
Heft 12 Tamara Spitzing, Die römische Villa von Lauffen a. N. (Kr. Heilbronn) (1988).

Die erste Gesamtdarstellung moderner archäologischer Forschung in Württemberg von der Altsteinzeit bis zur Neuzeit.

Das 25jährige Jubiläum der Gesellschaft für Vor- und Frühgeschichte in Württemberg und Hohenzollern 1988 war Anlaß, mit diesem Buch einmal einen Überblick über den derzeitigen Forschungsstand der Archäologie in Württemberg zu geben. Dabei versteht es sich von selbst, daß diese Darstellung nicht vor modernen politischen Grenzen wie denen des heutigen Landesteils Württemberg bzw. der Regierungsbezirke Stuttgart und Tübingen haltmachen kann. Deshalb werden in vielen Bereichen auch Ergebnisse der archäologischen Forschung aus anderen Teilen Südwestdeutschlands aufgegriffen und in den Überblick mit einbezogen.
Die Darstellung der einzelnen Epochen reicht von der Altsteinzeit bis ins 18. Jahrhundert, bezieht also die Ergebnisse der mittelalterlichen und neuzeitlichen Archäologie mit ein. Dies gilt auch für das Zusammenwirken von Archäologie und Naturwissenschaften wie Anthropologie, Osteologie, Archäobotanik, Dendrochronologie u.a. Gerade dieses Zusammenwirken hat in den letzten Jahren zu zahlreichen neuen und überraschenden archäologischen Erkenntnissen geführt.
Das Buch gibt erstmals eine Gesamtdarstellung der archäologischen Forschung im Lande. Es zeigt in groben Zügen den Kenntnisstand über die einzelnen Epochen der Urgeschichte und der Vor- und Frühgeschichte auf und nennt dabei die entscheidenden Wissenslücken, die es noch zu schließen gilt. Es macht deutlich, welche archäologischen Quellen im Boden unseres Landes besonders gefährdet sind und wo in den kommenden Jahrzehnten Forschungsschwerpunkte gelegt werden müssen.

Archäologie in Württemberg
Ergebnisse und Perspektiven. Hrsg. von D. Planck. 560 S. mit 224 Abb. DM 68,–.
Erhältlich im Buchhandel. Für Mitglieder der Gesellschaft zum Mitgliedspreis von DM 50,– bei:

Gesellschaft für Vor- und Frühgeschichte in Württemberg und Hohenzollern e.V., Silberburgstraße 193, 7000 Stuttgart 1

Abbildungsnachweis:
Abb. 2: Bayer. Hauptstaatsarchiv, München
Abb. 6: E. Mürdel
Abb. 13, 14, 15, 24: H. Mürdel (Archiv LDA)
Abb. 16: R. Hajdu
Abb. 17, 18, 63: Württembergisches Landesmuseum, Stuttgart

Übrige Abbildungen Landesdenkmalamt Baden-Württemberg, Referat Archäologie des Mittelalters. Zeichnungen T. Schwarz, LDA.

Beilage: Gesamtplan der Befunde. M. 1:250000.